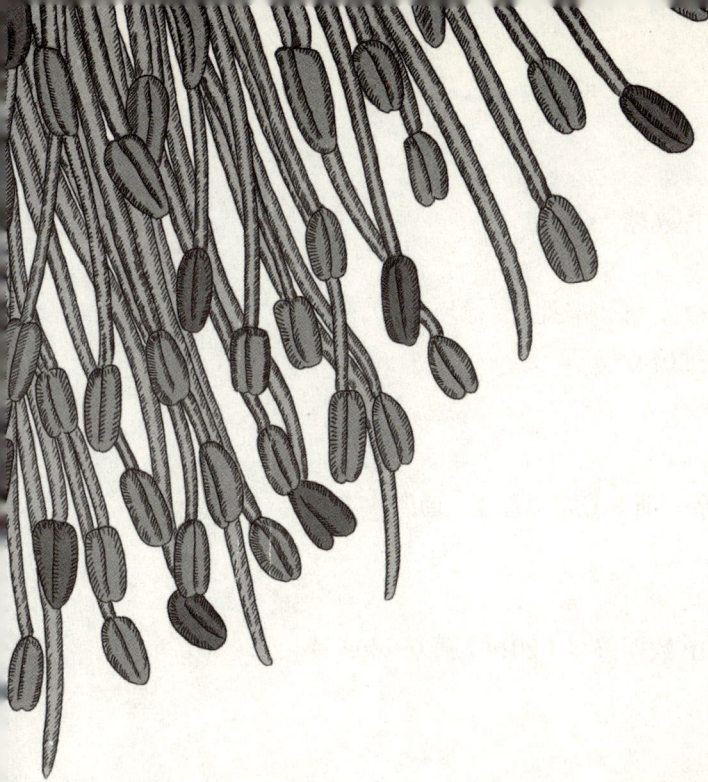

强悍的
心理生存能力
你也能拥有

徐玲玲 ◆ 著

中国言实出版社

图书在版编目（CIP）数据

强悍的心理生存能力，你也能拥有/徐玲玲著 . 一
北京：中国言实出版社，2014.5
ISBN 978-7-5171-0562-6

Ⅰ . ①强… Ⅱ . ①徐… Ⅲ . ①成功心理—通俗读物
Ⅳ . ① B848.4-49

中国版本图书馆 CIP 数据核字（2014）第 092409 号

责任编辑：王蕙子

出版发行 中国言实出版社
地　址：北京市朝阳区北苑路 180 号加利大厦 5 号楼 105 室
邮　编：100101
编辑部：北京市西城区百万庄路甲 16 号五层
邮　编：100037
电　话：64924853（总编室）64924716（发行部）
网　址：www.zgyscbs.cn
E-mail：zgyscbs@263.net

经　销 新华书店
印　刷 北京普瑞德印刷厂
版　次 2014 年 7 月第 1 版　2014 年 7 月第 1 次印刷
规　格 710 毫米 ×1000 毫米　1/16　13.75 印张
字　数 170 千字
定　价 29.80 元　ISBN 978-7-5171-0562-6

序 言

你比想象中的自己更有力量

　　十年前，因为研究生考试的关系，我开始系统地学习心理学理论。然而理论终究是冷冰冰的，我从来没有想过有一天会用这些看似冷冰冰的东西来与生活实际结合，形成活泼泼的心理学应用实例。这其中的转变，30%归结于系统的心理学理论学习，30%归结于广泛的学科涉猎知识汇通，40%要归结于社会阅历的增长，心理上的成熟。十年磨一剑，今天，我终于可以自豪地将这些颖悟集结成书，以飨读者。

　　理想是丰满的，现实总是骨感的，我从拿起笔来构思这部书开始，就陷入了长达几个月的思想囚徒困境中：无论我在应用心理学中提出什么观点，接下来，我都可以找到充分证据打倒这个观点。也就是说满纸的说理和例证，最后的最后，应该全部擦除，一切归零才是最终真理。这与东西方哲学融合后提出的"归零"观点是一致的。研究人的心理规律，是一项极其浩繁的工程，道理说得通的，不见得应用就有成效。这就如同心理学大师弗洛伊德他的成就等同于心理学奠基人，然而他毕生却没能用他的理论医治好一位心理疾病患者一样。我们在这部书中，不会去强求构建一个完美的新颖的心理学理论体系，一切只从实际应用出发，能为我所用的，就是有效的理论。我打开了这个思想死结后，眼前豁然开朗，不禁有些欣欣然。前期拟定的纲目，出于刺激读者阅读和思考的目的，要用一些专业名词和生硬理论描述来列举社会群心理现象。实际行文中，则力求用活泼泼的语言，活生生的事例来讲述运用心理分析法透析这个世界后的"去伪存真""去粗取精"。另类的思维，新颖的看点，我要给大家展现的是心理分析法于现实生活实际应用中"破除迷障"的效果。

我也曾好胜心起，用这些我们一一论证的心理分析工具去印证周围的人和事，尤其是和一些心理学爱好者交流时，有意识的将一些普遍性社会问题的对应理论传递给他们。实践证明，还真的是很有效。这让我更坚定接下来完成这项工程的信心。当然考虑到有许多读者是初次接触这个领域，一些前提还是要交代的。

写作这本书，书稿几经删定，反反复复一年有余，有时为了验证一个观点，我不得不中途搁笔，将相关东西方心理学大部头著作啃完，再作比较分析，直至最终建立起自己的理论框架，再从中抽取出主要观点。这个过程虽然艰辛，却是那么的幸福和美妙：于我来讲，更甚之，于阅读这本书的读者来讲，一路读下来，这又何尝不是一条挑战、锤炼自我强悍的心理生存能力之路？一种进入意识海与沉睡了多年的"自我"直面交流的新式体验？一个破译他人心理掌控主动权的不二法门？一把剖析当前社会光怪

你比想象中的自己更有力量

陆离现象背后群心理病的锋利手术刀？

我努力地组织语言，想要将这些沉淀了十多年，又锤炼了许多年，细细打磨后的一些应用心理学在现实生活中运用的心得体会传递给大家。苏格拉底曾说："我不是授人以知识，而是使知识自己产生的助产妇。"同样的，我也不摆一副学究和权威的面孔来"好为人师"，我努力，再努力，由始至终，只是想让大家看到踏上这条挑战之路的艰辛心路历程。只要你看到了，你必然会感受到我的诚心，哪怕只是认可其中一个观点，于我来讲，也是莫大的欣慰了。

活在这个以时间和空间维度构成的世界里，空间里的存在是我们的身体，时间里的存在却是我们的年龄。然而年龄却还有"心理年龄"和"生理年龄"之分，这两个"年龄"在同一个人身上的差异，是反衬他心理生存能力的一个极为重要的指标。

在这本书里，我们抛开社会普遍价值观所给予人的标签：金钱、权力、学历、资历、出身，只有你自己——纯粹意义的独立个体"人"。人，社会人，为自然规律和社会规律搓揉束缚，种种烦恼困扰，皆因对生活的未知和不可控性，但这种局面并非一成不变：掌握了足够的信息，锻炼了强悍的心理生存能力，就能更多地拥有掌控权。

掌控力的最高境界是对情绪的控制，不仅可以收放自如，还要运用到极致——情绪的正能量由此催生。如果我们大家通过学习和训练，实现了自我情绪控制；那么紧接着，我们可以进入社会实战阶段：培养强悍的心理生存能力。警惕，当你重建你的心理结构时，心理规律也在发挥它无所不在的影响。它到来时，不会提前跟你打招呼，告诉你它要发生作用了。你只有自己去分辨去判断，不然成也心理规律，败也心理规律，只知自己率性而为，随心所欲，却不知最后会落得个彻头彻尾的"杯具"。

从我们记事起，亲人、朋友、师长、同事、上司，甚至是寥寥可数几次接触的人，都有对我们的性格进行评价，当然我们也在潜移默化中，对自己的性格有一个模糊的认识。所谓"性格决定命运"这个论断之所以还有市场、大受追捧，那只是我们被"标题党"、伪哲学"总结帝"一类的人忽悠了。什么是性格？性格无法改变？性格怎么表现出来？这是经由社会普遍价值体系众口一词造成的一个误区，如果走不出来，迟早会被那里面预伏的地雷炸得尸骨无存。

剖析人的行为，首先探寻其动机，行为复杂多变，促使其产生的心理动机却始终只有那么几条。透析了这些，一切人类行为：

常规的、特异独行的、善意的、恶意的、激情正义的、阴险邪恶的、疯狂暴力的……林林总总，在你练就的这双透视心灵眼中，将无所遁形。

化身为"书之灵"的作者

2013 年 5 月 31 日

目　录

01

第一章————

掌控主动权

>>> 第一节
# 不主动去塑造，就等着被社会流水线批量制造

> 从前菩提达摩东来，只为了寻找一个不受人惑的人。

读《菜根谭》时，有"泛驾之马可就驱驰，跃冶之金终归型范"一句，其时的理解颇有些"浪子回头金不换"的意味。原以为，这样解释也就皆大欢喜了。没想到二十多年后，一个偶然的事件竟让我惊悚莫名，深深地感到后怕——那是一幅简笔漫画：画上是一排戴着红领巾的小学生，腰杆挺得笔直，双手反背在身后，眼睛无一例外地盯着黑板上老师的教鞭所指的地方。如果没有漫画作者后来的一句注释，或许很多人会和我一样，只是勾起少年时的回忆，付之一笑——上课时学生被要求双手反背着，是一种罪犯服刑的待遇！

这话绝对不是耸人听闻，真实的场景再现，加上这一针见血的点评，过往许许多多的困惑被撕开了一个口子，伴随着理性分析方法的运用，层层剥开，露出它的真实面目来。

从我们降生那一刻开始，家庭、学校、社会，便有千丝万缕的提线在我们尚未觉察的时候，一圈一圈地绕紧、牵动、控制着我们的思想、我们

的身体：要将我们打造成"可就驱驰、终归型范"的标准件。可恨我们中的大多数不仅恍然不觉，反而还甘之如饴地被掌控着，被操纵着。

当社会普遍认知将这种"标准件"塑造流程看做是理所当然时，笔者偏偏要大声疾呼：不是这样的，我们要去问一个为什么，求一个为什么。胡适先生曾告诫我们："请大家记得：人同畜生的分别，就在这个'为什么'上。"我们若想不辜负这个"人"字，还真得跟这个"为什么"较一较劲儿。

每分每秒，全世界都有数以千万计的人前赴后继地来到世间，随着年龄的增长，融入社会，并被打上社会人的烙印，在社会这个大环境里，走完短短几十年的历程。这是一个在造物主的主机里早就被设定好了的、命名为"人生"的程序。

社会性是人的根本属性，然而，也是流水线批量制造"庶民""大众""芸芸众生"的幕后推手。

很多人记忆里都有一个"那谁"——也许张三，也许李四，名字不重要，重要的是，这个"那谁"从父母的口中形容出来，总是比自己更能干一些、学习更刻苦一些、事业更成功一些、赚的钱更多一些……总而言之，是我们拍马也难及的一位楷模、榜样。父母的用意，原本是要我们"知耻而后勇"，然而他们中很少有人会意识到：这样除了令孩子自卑和嫉恨以外，其实起不了太多积极作用。譬如笔者，这么多年来的"那谁"的印象已经成为笔者心头一个挥之不去的鬼影。因为痛恨"那谁"，所以笔者从来不给自己的孩子树立一个"那谁"，而是告诉她：你要有你自己的想法，不要去管别人，跟别人比。然而，现实却大出笔者意料——笔者那才上幼儿园的女儿，她自己给自己找了一个"那谁"：人家小朋友是这样的啊；人家小朋友说的啊；人家小朋友都有啊……笔者深信，笔者的教育方向绝对无误，但孩子还是要向大众化靠拢、取齐，那么，我只能说是社会这个大环境里，还有隐匿因素是一种潜在的危险——要将孩子们都塑造成千人一面、成为不能独立思考的乌合之众。这对于当代接受了新思潮的年轻父母来说，简直要如临大敌了——谁也无法忍受，自家寄予了无限期望、付出无限心血的宝贝儿，辛苦二十年，只是为了成长为路人甲、路人乙。

危机感、紧迫感随之而来，所有自觉自省后想要有所改变，挣脱提线的人们，包括孩子本人，我们唯一拥有的武器就是运用一把名叫"理性分析"的剪刀：剪断提线，自由自主地去塑造自己。

理性的分析，要求我们剔除关于人类行为的种种华丽说辞的伪装，窥探到那个操作大众心理的幕后主使者的深层动机。揭露它、粉碎它，使我们自己、我们的下一代、再下一代，不受人惑。

人的社会性趋同，不是一朝一夕塑就，一个根本的罪魁祸首就是"寻求赞美"心态。如幼儿园里的小红花奖励、老师的表扬；走上社会后，上司的嘉奖，同事们的恭维，亲人朋友的赞叹认可……所有的这一切都是"寻求赞美"的衍生形式。同时，也是极度危险的：这林林总总的"赞美"就是一条条鞭子，将偶尔要"泛驾""跃冶"的人，驱赶回既定轨道。

认识到这一点，并非要我们走向另一个极端：只听批评，只要"忠言逆耳""良药苦口"。无论"赞美""阿谀奉承"也好，还是"批评""忠言逆耳"也好，都只是语言学上的概念，玩的是语言文字上的诡辩。而一旦我们拥有了"理性分析"这个武器，就能破开这掉花枪的障眼法，直指行为发起人的心理动因。

心理分析，形象点说，有点类似科学家们设计的一种特殊眼镜：戴着这副眼镜，能从第三者的角度全方位360度地观测到自己的一举一动。从玄学的角度来看，这个有点近似于人们所描述的灵魂出窍；从科学应用的角度来看，这个更像新型 3D 角色游戏里的玩家。其根本就是要让理性的"我"抽离出来，以绝对客观的角度来审视自己、他人的一切行为。

回归到我们前面所讲的"寻求赞美"的心理动因上来，分析这种现象，有一个前提我们始终要记牢：无论赞美发起人是自己，还是他人，赞美只是一种工具，一种催眠他人、诱使他人达到己方要求的手段。如果不能明白这一点，赞美他人的同时，绝对会连自己也一起催眠。而催眠的本质是人的意识的自我说服，不断地重复和概念灌输，若没有"理性分析"来干预，人脑绝对会无视现实真相，而倾向于无意识服从印象最深刻的那个指示（详见本书第六章第二节"角色认同与代入，原来个体心理结构失灵"）。我们每因别人的赞美而获得心灵愉悦一次，这种潜藏的被"塑造"就加深一层。

或许从前慨叹宋代范仲淹的那句"不以物喜，不以己悲"，还只以为是胸怀大志的人的坚毅品格，那么，如今我们要说：这是智者千年前关于

《终结者》电影剧照里批量制造机器人的场景

心理强大的觉悟，关于掌控人生，将主动权牢牢握在自己手中的八字箴言。东方哲学虽然没有西方心理学那样运用实验科学的手段条分缕析，凡事讲究一个"拿证据来"[1]，但东方的应用心理学绝不是如现在教科书中所描述的那样仅有二三十年的历史。

理性的分析是一种工具，事实上确切地说，只要效果达到了，不管理性的分析是以数理说明的形式，还是以文学感化的形式，我们都不能否认，这种行之有效的应用心理学在我们的哲学史上是早就存在的。差别只在于是自觉地应用，还是不自觉地用。现在我们点破了这一层薄纸，变不自觉应用为自觉应用，要做到主动去塑造、去掌控，第一步是"破"：看破"寻求赞美"心态的动因，打破自己"寻求赞美"的依赖和妄执；第二步是"立"：立下一道"理性分析"的心理防火墙，立一个"不以物喜，不以己悲"的情绪控制大坝，任何外在信息非经过这道防火墙不能到达我们心理意识深处。唯有实现了这两步，才有接下来谈避开社会流水线批量制造成"标准件"的可能。

人的社会性是造成这种"标准件"的推手，这个事实在生活中没有人点醒我们，更不用提警觉了。相反，我们听到最多的是"要合群""要有团队精神"，这个"群"和"团队"就是人的社会性的一个具体的表现。法国社会心理学家古斯塔夫·勒庞的有关大众心理研究的著作《乌合之众》中曾有精辟的论述：

> "聚集在一起的一群人，他们的感情和思想全都趋向同一个方向，而自身自觉的个性消失了，一种集体心理就会形成……在对群体的基本特点进行研究时我们曾说，可以说它完全被无

---

[1] 美国实用主义哲学创始人之一约翰·杜威（John Deway，1859—1952）的代表理论。

意识动机所支配。它的行为主要不是受大脑的影响，而是脊椎神经。在这个方面，群体与原始人十分相同。"

我们从小所受的教育、所在的社会环境，一遍又一遍地将向"群"靠拢、取齐的意识灌输到我们的个人价值体系里，这个"群意识"就是剪刈我们独立自我的另一柄屠刀。就是这个声音自我们睁眼看世界的那一刻起，一刻不停地灌输："你不能出格，不能与别人不一样。"带着各种各样的伪装：或是赞美、或是谴责、或是体罚、或是物质和荣誉的奖励、或是周围人鄙弃欣赏的态度、或是书本里的教化，总之，这种剪刈个性的行为是无处不在的，而且还是以"润物细无声"的方式潜移默化地塑造着我们。

就算有个别觉醒的有识之士，认识到"群"的危害，想要极力纠正自己、纠正下一代，免受其荼毒，最终也只落得"蚍蜉撼大树"的感慨。笔者家五岁小家伙的"那谁"也就是这样被造出来的，就算只是一个五岁的小孩子的"群"趋向，笔者都对抗得分外吃力，不得不反复批判、时时提醒，就算这个"群"趋向是个不倒翁，但至少它每次还会被笔者打倒在地，让孩子感觉到它可以被踩在脚底的狼狈，总会给未来留下一线曙光的，不是吗？

说到"群"趋向的弊害，我们不能不老调重弹地提一下"虫与龙"的争辩：走出国门后，一个中国人是一条龙，一群中国人就是一堆虫。这个观点很多国人都深以为然。与之相应的是各种国民、民族性的研究文字大行其道。在笔者看来，把这类"群"研究的文字当做照妖镜，来看看与"原始人"没什么两样的"群"中每一分子的丑态即可，不是什么值得骄傲和鼓吹的成果。一百二十年前，被誉为那时代"最伟大的头脑"的梁启超先生就曾不吝笔墨地书以数十万字来研究我国国民的民族性。然而他研究来研究去，终究逃脱不了"二律背反"的结论，甚至到了前后矛盾，不能自圆其说的地步。他用了十几万字来分析国民的劣根性，揭示了国人的又愚又懒不求上进，言辞不可谓不激烈。最终他为了解释人类种族优胜劣汰的原因，却提出一个"合群"的观点，相当于他前面批判了那么多的群体劣根性言论，一下子全被推翻了。

> 自地球初有人类以迄今日，其间孳乳蕃殖，黄者、白者、黑者、棕者、有族者、无族者、有部者、无部者、有国者、无国者，其种类其数量何啻京垓亿兆，问今存者几何矣？等是躯壳也，等是血气也，等是品汇结集也，而存焉者不过万亿中之一，余则皆萎然落澌然灭矣。岂有他哉？自然淘汰之结果，劣者不得不败，而让优者以独胜云尔。优劣之道不一端，而能群与不能群，实为其总原。

能合群与否，确实要提升到民族优劣的高度上来。但，于我们这个民族来说，这个影响，绝对不是正向的。恰恰应该反过来看。梁启超既痛恨国人的不争，又大加赞扬"合群"，这不是大骂社会流水线下出产的"标准件"的同时，又极力推崇流水线生产的高效率么？

人的社会性是其根本属性，就算我们身为"人"逃脱不了这个幕后推手的塑造，也得是我们心中明白这个原因，而且是自己主动去塑造。

从前菩提达摩东来，只是为了寻找一个不受人惑的人[2]。我们或许一时片刻无法改变现实，但我们绝对可以从现在起就掌握"理性分析"的工具，锤炼雕琢我们的心灵，从而获得强大的心理生存能力。

---

[2] 著名思想家、教育家胡适先生最为推崇的一句话。

>>> 第二节
杀死惰性和依赖性——掌控力特训营

> 拖延症：追赶昨天的艺术，逃避今天的法宝。

人的所有心理特征中，惰性、依赖性，这两个特点是最特别的，以至于我们不得不单独开辟一节来探讨它们。原因则在于：惰性和依赖性的危害，其含义的直白，已经到了只要我们一听到这两个名词，就已经真切明白其内涵，并且还能立即举出几个切身体会的例子用以佐证——但，这又能起什么作用？我们中的大多数人，明知惰性和依赖性是应该坚决被"斩草除根"的，可我们或多或少总有些懒惰、拖延心理；总有些依赖、指望他人的心理。

这一点与我们前文所说的运用理性的心理分析来看透社会群体行为的危害性不同：当我们已然明了那些危害，我们会立刻警觉，建立心理防范机制，并在现实中采取行动。这一次，我们的敌人是我们自己——生物学意义上的应急趋利避害性，或者换一种更贴切的说法，人的动物属性中的眼前利益驱使，沉溺于短暂安逸成瘾——只要他（她）跟着感觉、冲动、下意识……除了理性思考以外的任何情感走。所以，可以想见，这次我们的敌人有多么的强悍了？

　　现在，我们明确了：我们，乃至人类本身，摆脱不了惰性和依赖性，那是因为我们能从中受益——尽管是短暂的，但毕竟是有利可图不是？倘若是奉行"享乐主义"的人们，看到这里会很不以为然：这样不是很好？该享受就要享受啊，总是将自己弄得那么累做什么？是的，我们当然认同"文武之道一张一弛"的劳逸结合，但绝不是要退化到这种仅靠情绪牵引的动物本能。假如你是非洲草原上的狮子、是美洲的金钱豹，饱食餍足之际，寻一处凉快柔软的草地，美美地眯缝着眼打个盹儿，时不时舔舔下唇，打个哈欠，这幅唯美的自然画面，再配上赵忠祥老师那独特的抒情调调，真可算是动物幸福生活的经典特写。但，亲爱的朋友们，别忘了我们是人，能独立思考的人，能总结过去预计未来的人。适当的享乐固然令人舒心和

热带丛林中一种行动迟缓可以将自己倒挂在树枝上数小时不移动的动物——树懒

放松，有益身心健康，但若将其当做信条的话，未免就太辜负这匆匆忙忙几十年的旅行了。

最近一部叫做《中国合伙人》的电影意外蹿红，其中一句经典台词"Do you have a dream？"（你有梦想吗？）也随之火热了起来，引起了许多人开始一种寻梦、追梦的反思潮。这里，我们也来俗一把，也要问一问大家"Do you have a dream"？仔细想想，其实很久很久以前，我们中的大多数人的头顶上都曾悬着一个金光灿灿的理想，甚至有的还为此定下了细致到每天每时的日程计划表。然而，没有用，在通向梦想的旅途中，总有这样那样的事情牵绊着我们，有这样那样的诱惑吸引着我们，"就这一次吧下不为例，从明天开始我一定……""没办法这不是我能控制的……"这些就是我们在心理上说服自己的理由——或称之为借口。当"自我说服"已经娴熟到任何理由都可信手拈来时，"惰性"也就根深蒂固地在心理结构的地基处扎了根。

依赖性是惰性的变种，只是对于人类社会复杂的结构来说，有时候"依赖性"会以佩戴着温情脉脉的面纱的形象出现，引起人们的赞叹和怜爱。而且，从生物学的角度来看，"依赖性"也是弱小生物自保的一种本能生物特性。包括人在内，婴幼儿时期、青少年时期，没有足够的自我保护和社会生存能力，不得不依赖身为监护人身份的父母、亲人或是其他担负起养育责任的成年人的照顾。然而，当我们习惯了大人给予的保护和照顾，并将此看做是理所当然时，随着年龄的增长，这种依赖性仍然有增无减，及至成年到了该独立的时候，不正常的依赖性产生了，并且在潜意识心态里成为一个隐蔽性极强的毒瘤，因其隐蔽性和短期受益的特点，致使产生不正常依赖性的人和被依赖的人双方都没有发觉。

西方文化里的"末日危机"文化近几年随着几部风靡全球的大片颇为

流行。抛开"末日危机"所带来的放纵和疯狂不提，受其启发，我们似乎已经发现用以克制惰性和依赖性的重量级武器了——活在当下，活着就像明天就要死去一样。在死神这位大 BOSS 面前，一切的借口都显得那么苍白无力。爱默生[3]说："不要做任何辩白，你的行为雄辩地说明了一切。"行动起来，将任何可能进行自我说服的理由和借口扼杀在萌芽状态，这时，就会发现，长久以来，我们认为强悍无比的"惰性""依赖性"完全可以被克服。

但，千万不要走入另外一条死胡同。"末日危机"只应该看作一种文化，看作在我们规划自己的行动时的假想前提，而不能视其为一种神圣预言，不然就会出现欧美一则创意广告里所描述的喜剧的一幕：只有 20 个小时彗星就要撞地球了，所有的人都疯了，全部扔下手头的活计冲上街头，冲进超市，女人们疯狂地往嘴巴里填塞往日里为了保持身材想也不敢想的高卡路里食物；男人们释放他们的好战性本能，肆意破坏……亲爱的朋友们，就算明天彗星真的要撞地球了，今天的生活还是得继续啊。我们不用害怕死神，就算怕也没用，从一出生，我们就在恭候着他某一天的大驾光临。我们所害怕的，只是在他来临之前，有些事情没做完，有些计划没有付诸行动，有些梦想仍然只是高悬着……活在当下，行动起来，当我们把关注点落在"做"上，而不是"想"和"说"上，惰性和依赖性的毒瘤也就渐渐被我们逐渐增长的免疫力消融了。

惰性与依赖性曾是我们民族劣根性里最为先辈先觉们痛批的特性，胡适先生对此就曾这样毫不留情地揭露道：

---

[3] 拉尔夫·沃尔多·爱默生：十九世纪美国思想家、诗人，被美国前总统林肯称为"美国文明之父""美国的孔子"。

但后世的懒惰子孙得过且过，不肯用手用脑去和物质抗争，并且编出"不以人易天"的懒人哲学，于是不久便被物质战胜了。天旱了，只会求雨；河决了，只会拜金龙大王；风浪大了，只会祷告观音菩萨或天后娘娘。荒年了，只好逃荒去；瘟疫来了，只好闭门等死；病上身了，只好求神许愿。树砍完了，只好烧茅草；山都精光了，只好对着叹气。这样又愚又懒的民族，不能征服物质，便完全被压死在物质环境之下，成了一分像人九分像鬼的不长进民族。

"一分像人九分像鬼"，胡适先生哀其不幸，怒其不争，惰性的理由和借口，居然上升到哲学的高度，庄子曰："吾生也有涯，而知也无涯，以有涯随无涯，殆矣！"诸如此类的"名言警句"，只要勤快点翻翻我们历史积累下来的"国粹"，还可以找出许多。笔者之所以不借鉴当下那些长篇累牍、不遗余力地列举生活中工作中种种场景，来具体论述如何克服惰性和依赖性的做法，是因为其一过于流泛琐碎，难以记忆；其二治标不治本，东方的文化土壤里，惰性与依赖性早已经成长为民族心理土壤上的一株参天大树，此时我们再去依样葫芦画瓢地借鉴西方人的"指导实践"的做法，就算有所作用，也只能是删其枝叶，无法动其根本。这种情况极其特殊，不能不为我们所警惕。

笔者今日所言所行，并无特立独行、哗众取宠之处，只是步所有先觉者、思想家、启蒙家的后尘：那些曾经努力砍伐清除民族心理土壤上那棵名为"惰性""依赖性"大树的伟人们，他们早在百年前就已经洞悉其危害，振臂高呼、痛斥怒骂、当头棒喝无所不用其极，然其植根已深，至今仍然流毒四方。笔者在这部以讲个人积极入世心理学的书中，觍颜不顾诸君的白眼，反复絮叨东方文化里的毒瘤，是为了充分引起大家的警惕。因为笔者也是这文化土壤上的一分子，深知其害，深味其苦，真切地感受到：如果单从个人修养上来谈杀死惰性和依赖性，那只能是照搬西方实验心理学、行为心理学的框框架架——至于搬回来以后，是否产生水土不服就顾不得了。

行文至此，也许有些人失望，有些人如释重负：毕竟笔者并不如你们最初推想的那样是给出一篇纲举目张的行动方案。这次的特训也并不是要如激励家、心理医师一般地鼓动、引导大家举手投足（关于"行为影响情绪"的讨论我们在下一章将有详细论述），以此来获得"鸡血效应"[4]。我们在做内省功夫的同时，一次又一次地深掘社会环境、文化氛围里的民族心理影响，这对于我们的思想是一场重大的洗礼。作用于我们的实践，没有高度的自觉性和警觉度是不能达到预期目的的。

---

[4] 俗语有"打了鸡血"的提法，形容人受到感染性很强的鼓动，精神处于亢奋状态。此处不妨幽他一默，将这种常见的群体亢奋简称为"鸡血效应"——作者注。

>>> 第三节
无能为力的潜台词：只要我愿意，就能使其改变

> Nothing is impossible to a willing heart.
>
> —— John Heywood[5]

看到这个题目，很多人或许要强烈反对这种被贴上"夸大狂""装"之类标签的提法。但，这又有什么关系呢？英国前首相撒切尔夫人曾说："争议永远是形象的一部分。"作为一个具有独立意志的人，只要他（她）还在独立思考，要在这个世界上发出自己的声音，他（她）就注定：每一个观点的提出，将面临着至少一半人的反对。

东方哲学，这里仅就我们华夏文明中的哲学思想来谈，人们向来不缺乏乐观精神，但是这种乐观却要用"乐天知命""知足常乐"来形容，其代表哲学流派便是庄子一脉。荀子曾评其"蔽于天而不知人"，后世中国便将其解为任天安命、达观的人生观，这种观念在中国流毒了两千多年，是一种消极的乐观，远远逊于西方哲学里个人英雄主义的乐观思想。五百多

---

[5]　约翰·海伍德（John Heywood），十六世纪英国剧作家、诗人。译文见文中。

年前，英国剧作家约翰·海伍德曾说过这样一句话："Nothing is impossible to a willing heart." 汉译为"有志者，事竟成"，这是一种一厢情愿的中文本土译法，事实上，考察西方哲学渊源，这句话很该说：只要我愿意，一切皆有可能！西方人在个人主观能动方面，从来不谦虚，充满着虎虎的生气，以冒险为乐，以挑战为享受。甚至为了达成目标，故意夸大精神的作用，如近年来极为流行的"正能量"始作俑者理查德·怀斯曼，他的观点并非颠扑不破，相反，稍加深入思考，许多都能当时被打翻——但是这又有什么关系呢？重要的是，仅凭"正能量"这个概念，就足够鼓舞人心，促使人们转化为行动力，改变自己，完成自我更新。

茫茫宇宙中，将人类比之于小小的微尘，都算是夸张了的。这么一个微乎其微的微尘群体，在其前赴后继的短短几十年人生中，能够做出一些事业，创出绵延数千年、近万年的文明来，难道不值得他们自豪拥有远超于其他生物的高等智慧大脑么？相比于唯物主义的刻板和沮丧，唯心主义在文明进程中所起的助推作用实在是太让人振奋了。

对大多数人来说，《雅典学派》只是被当作一幅名画来欣赏欣赏，就已经足够了。不是学院派研究的需要，谁也不会去注意区分唯物主义、唯心主义的观点有什么不同。但恰恰就是这个容易被忽视的差别主宰着我们的精神世界，影响着我们的行为——绝对的区分唯物论和唯心论对人的影响，只能说是一种假设的理想状态。其实人的思想是会变的，人的个性也在改变，不变的、唯一的个性只存在小说、戏剧等虚构的艺术作品中。相比而言，个人价值观里唯物主义占据主导地位的人，在人生道路上走得更加平稳，也中规中矩，这样的人做纯粹的学者或是严谨的操作工人是绰绰有余。然而若想求得进步、有所发明、有所创造，这样一种被自我潜意识压抑和束缚了的状态绝对是被穿了琵琶骨的大灾难。19世纪的马克思总结前三四百年欧洲工业革命后的社会变革经验，抽出一个结论替未来社会作预言，他所提出的唯物辩证法是："物质第一位，精神第二位，世界由物质构成，精神只是物质的产物和反应。"这样一个论断，十几岁时去读，似是而非，又十年后再读，居然发觉，这不跟那个著名的"鸡生蛋、蛋生鸡，是先有鸡还是先有蛋"的问题同样叫人脑袋成糨糊么？精神的巨大作用，也已经毋庸置疑，因此确实无法就此武断地去区分出个第一位、第二位的排序来，我们只有具体问题具体来分析。

150年前，先进的中国人睁眼看世界的那一刻起，就无时无刻不在思索：为什么在近300年里，西方的先哲们可以有那么多科学成就，足以超越前数千年人类文明的总和，令人类社会发生翻天覆地的巨变；而东方——尤其是中国，仍然是在故纸堆中打转，做一些长篇累牍，既不实用，又皓首穷经空耗精力的考据类文章？那些伟大的头脑们意识到了这其中

拉斐尔于1509年创作的梵蒂冈签署厅壁画《雅典学派》

的巨大差距，举实例，列数据，将东西方成就——来对比，得出的结论是：东方文明远不如西方文明，我们差西方人远了去了。后生小子，如今的我们没必要摆出一副不偏不倚的态度来苛责伟人们过分推崇西方，有崇洋媚外的倾向。历史的车轮滚滚向前，在斗争中曲折上升，我们或许没有伟人们那样广博的阅读积累，但我们却有数十倍、数百倍于伟人们的信息量涉猎。这就足够我们得出更为精确的结论：原来一切还是要回归到一个"心"字上。

"只要我愿意，就能使其改变。"说这句话的人，最可贵的是开始行动，影响他人、改造环境的决心和蕴含着正能量的果断自信。倘若我们摘下批判的有色眼镜，我们光凭直觉就能感受到这句话带给我们的心理影响绝对是光芒四射的：是否吹牛皮、是否夸大其词不用去纠结，我们只知道当这个念头成为我们的主导意志后，这之后的每一步行动都是坚定有力、充满希望的，我们周身数万万个细胞都会处在巅峰状态、协同合作，可以令我们一次又一次地挑战极限、将曾经高悬的理想变为脚下踏实的阶梯。

近几年，文化界掀起了一场怀旧风。近代名臣如曾国藩、李鸿章等人的著作大受推崇，风乍起，吹皱一池春水，连带着民国大家们的遗作也被从发黄的故纸堆中挖掘出来，成为时髦的文化消费品。六十多年的热血渐渐回归平静，人们需要审思以后的路该何去何从；六十年的破坏与建设，人们不再为三餐不继而疲于奔命、朝不保夕……然而我们的内心却越来越没有安全感：迷茫、浮躁、空虚、焦虑……在这样一种社会普遍心态影响下，怀旧风的逆袭，是我们无意识地想要求得一个出路：在近现代化历程中，再也没有比 20 世纪初的中国所面临的苦难和困境更深重了；同样，再也没有比 20 世纪前 50 年所出现的"伟大的头脑"更多的时代了。深重的民族和国家灾难，与学术精英层出不穷、文化思想繁荣的现象并存，这是一个令人费解且充满着极大吸引力的课题。不管这个课题如何精深，笔者所理解的是：在那样的困境和绝望中，这些"伟大的头脑"超速高效地运转着，尽自己全力，去对苦难深重的中国施加影响：写一篇文章、做一次演说、编一部书……在他们的话语里、行动中，我们能读到希望、汲取力量。这些远非现在那些愤青发泄式喋喋不休的抱怨文字可比。我们为什么还要重新温故百年前的思想？只因为我们在心理上就已经堕入了消极懒散和自我麻痹的"毒瘾"状态——"我们无能为力！"想要分辨这类瘾君子，只需要注意他们是否将这句话当做口头禅就明白了。

无能为力背后的潜台词：只要我愿意，就能使其改变。在生活中，"无能为力"这个词应用之广、含义之复杂十分耐人寻味。如果你向某人求助，他摊开双手，歉疚地说："很抱歉，我无能为力。"这时的"无能为力"就是一个很好的挡箭牌。"能力"是大多数人一生努力要获得、要证明的东西，此时，却直面承认"无能力"，这是通过自贬到极限，将对方求助的话堵得死死的：识相点，自然该知难而退了吧？但有人偏偏听话只听表面的意思，亦或许他（她）心中也明白这只是对方一个借口，然而外在的总要将这个面子圆过去，于是自我催眠，也相信了他有心而无力这个理由。久而久之，这个借口百试百爽，人们也就渐渐忘记了"无能为力"背后的潜台词，只记得表层的意思了。这个词从诞生到流行、到被人们所默认，是一个群体自我催眠、自我欺骗的过程。

网络时代，曾经人人都可以守着一方电脑屏幕，戴着这样那样的面具，不需要负责任地"灌水""转帖""顶帖"，因为缺少了有效监督和惩治措施，人性的黑暗面急剧膨胀，各种负面和肮脏下流的信息堆积起来，一眼望去，这个世界莫非马上就要灭亡了？有人戏称：打开电视，形势一片大好；打开电脑，世界末日到了。没有约束的自由，是一场灾难。笔者曾深思，为什么那么多人乐此不疲地在网络上制造"失望""沮丧""愤怒"？后来算是领悟到一点：这是在现实中以"无能为力"为借口的懒惰群心理，现实是让人绝望的，个人能力犹如蚍蜉撼大树，什么都改变不了的，那就只有去网上戴着面具发发牢骚，本着"要沉沦一起沉沦、我入地狱你们也得跟着陪葬"的心理，毫无道德压力地倾泻一通。这真是一个可悲又可怕的恶性循环——无数个人消极心理的融汇，形成社会群心理的阴暗，反过来又成为一种令人窒息的低气压，死死地笼罩在每个人头上。倘若这个时候，有人来响亮地吼出"无能为力"后的真相：只要我愿意，就能使其改变。我们的社会整个面貌定会焕然一新——至少，能让我们清新畅快地呼吸好一阵子，充满干劲地奋斗好一阵子。

光是想一想，就令人振奋啊，现在就让我们大声说："只要我愿意，就能使其改变！"

>>> 第四节
所谓人格魅力，即对生活有强悍的掌控力

> 人格只是养成的行为习惯的综合。
>
> ——胡适

　　理解人格魅力，就不得不先对"人格"这一词来进行探源，这个词源自于希腊古典戏剧，特指演员出演时所戴的面具。西方心理学家将其借用过来，用以表现在社会生活中，担任不同角色的人们其不同的外在表现。与外在相对应的，即为内在真实自我。这样一来，"人格"就成为外在"脸谱人格"和内在真实人格的总称。在人格后面加一个后缀"魅力"，其定义又有了更深刻的描述。要知道，有着丰富生活阅历或者经过特定心理训练的人，对于"脸谱"和真实内心的分辨，其敏感度和准确性，在普通人的直觉之外，还有一个有系统的心理分析法来支撑着；倘若二者差异过大，从直觉上就让人觉得别扭，虚伪、做作、心机深沉，有了这样一番评语，那就跟"魅力"二字毫不沾边了。相反，倘若，评语是真诚、表里如一、热诚恳切，这样的人为人所乐于亲近、喜欢结交，人格魅力也就自然而然地散发出来。

人格魅力，西方人还有一种说法，称之为磁性人格，顾名思义想要分辨这种人格也很容易。当一群人聚集在一起时，那个集众人眼光于一身，成为关注中心点、凝聚向心力的那位，他（她）身上绝对拥有这种特性。

研究人类行为学的心理学家分析这种磁性人格的表现，将其细化具体到特定环境下的服饰、语言、姿态、动作，称之为"人格魅力的训练"，或者称之为"人缘性训练"。前面我们已经提及，人在社会生活中，出于不同角色的需要，有不同种外在人格表现。人格魅力即是由人的这一社会属性所衍生出来的积极正向特性。这一蕴含"正能量"的特性在被大众广泛接受的同时，其本来面目往往容易被忽略——不管我们最终的描述如何，形容一个人具有亲和力、向心力、凝聚力，走到哪里都能成为万众瞩目的焦点，哪怕只是寥寥几次会面，甚至是初次遇见，都有可能被其吸引，这些仅仅是从周围人的反应来描述，对于具备"人格魅力"的人的自身内在心理机制却欠缺一个系统的探讨。

人类行为学研究者们的关注点，恰恰只是关注外在行为特征以及个体行为与周围人的互动。藉此所得的研究结论亦只是教人什么场合下该如何做，如何去演绎，如何去抓住周围人的表现加以适当行为调整。我们都知道世事变迁，不同情境下人们根据当前现状所采取的行动是有差异的。外在行为指导，无论规划得如何细致，力求由一个终极规则来指导千变万化、包罗万象的人际交往，很明显，这是妄想；换而言之，要分门别类地总结细则，这项工作的繁重程度，差不多要如数清夏夜里浩瀚星河里的星星那般吃力不讨好。研究者们完全将其复杂化了，神秘化了，研究到后来，几乎要将具有人格魅力的人归结到是其天生就具备的一种"魔力"。

不可否认，这样的研究是有其一定的价值——至少在我们被这些具有"人格魅力"的人所吸引时，能够对号入座，知道自己的行为及对方的行为代表着什么。或者善意一点地说，我们可以将其看做一本行为模仿指南，就如同马戏团里的猴子，跟着训导师的示范，也能直立行走，穿衣戴帽，彬彬有礼一样，得其形而不得其神。这样的结果，根本就不能称之为"人格魅力"，只能说是具有了"脸谱人格"。

治学求知，我们所最根本的是要一个"去伪存真""去粗存精"，用在本篇中，我们要求的实在是那个内在的真实人格。这就又回到了我们最初的出发点——与真实的内心对话。我们为什么会觉得那个人有魅力？为什么会为他（她）所吸引？仔细分析来，这其实是人的本能渴求：当身边的某个人，具有一种为大众所欣赏赞扬的特性，而这种特性恰是自己所没有又极力渴望向往的特性时，我们的内心深处便有了一种潜意识暗示：靠近他，观察他，那些就是你想要的。无论外在的表现是崇拜敬仰也好，是羡慕嫉妒恨也好，都是这个心理暗示在发挥指导作用。回过头来，我们完全可以确定：那为大众所欣赏赞扬的特性，绝对是涵盖了人类语言中最美好的形容词——自信、责任感、坚毅、果敢、聪颖……从探讨人生意义角度来看，这些词所体现的"人格魅力"，其最本质的体现，是个人对其生活有强悍的掌控力。

当然，具有"人格魅力"的个体，绝非是十全十美的完人，恰恰相反，这样的人，是有其个性缺陷的。人性中有一个极其隐蔽的特点：在社会生活中，以自己为准尺去衡量他人。倘若这个人样样表现完美，堪称典范，那就只能将其供奉在高高的神坛之上，在别人眼中，已经将其归入"非人"类；倘若这个人曾经不完美，挫折失败接二连三，他毫不气馁，坚持奋斗，直至最终取得了辉煌的成就，这样的人才会让人发自内心地爱戴和尊重，其本身的"人格魅力"值日渐升高，尤其是当越来越多的人知晓他的这段经历后，其表现尤为明显；还有一种人，他的人生简直要用糟糕来形容，但是那又有什么关系？他在某一领域获得了成功，超出了大多数人，这样的人才是最具"磁性人格"魅力的人。

第一种人，其典型代表便是世界上各民族被神化和圣化了的圣人，如东方的孔孟、三皇五帝，因年代的久远，后人出于各种利益需要而进行美化，久而久之，也就让这些人脱离了人的本色，成了圣贤、神，他们已经脱离了"人"的范畴，故而就算具有那么多美好特性，也不能称其具有"人格魅力"。

第二种人，便是成功励志学里面的主人翁。如美国第 16 任总统亚伯拉罕·林肯。

位于美国南达科他州西部的拉什莫尔山上的花岗岩山体雕刻成的四位美国总统头像，从左至右依次为华盛顿（1732—1799）、杰斐逊（1743—1826）、罗斯福（1858—1919）和林肯（1809—1865）

1809 年，出生在寂静的荒野上一座简陋的小屋。

1916 年 7 岁，全家被赶出居住地。

1818 年 9 岁，年仅 34 岁的母亲不幸去世。

1831 年 22 岁，经商失败。

1832 年 23 岁，竞选州议员落选，想进法学院学法律，未果。

1833 年 24 岁，向朋友借钱经商，年底破产。接下来花了 16 年，才把这笔钱还清。

1834 年 25 岁，再次竞选州议员，成功。

1835 年 26 岁，订婚后即将结婚时，未婚妻去世。

1836 年 27 岁，精神完全崩溃，卧病在床 6 个月。

1838 年 29 岁，努力争取成为州议员的发言人，没有成功。

1840 年 31 岁，争取成为被选举人，落选。

1843 年 34 岁，参加国会大选，又落选。

1846 年 37 岁，再次参加国会大选，当选。

1848 年 39 岁，寻求国会议员连任，失败。

1849 年 40 岁，想在自己州内担任土地局长，被拒绝。

1854 年 45 岁，竞选参议员，落选。

1856 年 47 岁，在共和党的全国代表大会上争取副总统的提名得票不足 100 张。

1858 年 49 岁，再度竞选参议员，落选。

1860 年 51 岁，当选美国总统。

1864 年 55 岁，连任美国总统，北方军取得胜利。

1865 年 56 岁，4 月 14 日晚，在华盛顿福特剧院被演员约翰·威尔克斯·布斯开枪射击，15 日去世。

看看这个简短的履历表，林肯的一生，50岁以前，是一个彻头彻尾的Loser（失败者）。万幸，他没有停下脚步，没有被50年的失败打败，坚定地向前走，最终他成功了，当选为美国总统，并因南北战争，解放黑奴运动的功绩而名垂青史。被刺杀的悲剧性结局又使其传奇人生更添灵魂震撼力。这样的人，其"人格魅力"是在其成功光环照耀下，渐渐为人们所回忆出来的。很简单的道理，如果是一个落魄潦倒的老头儿，无论其多么有亲和力，有爱心，人们会形容他有着高尚的人格，是一个好人；但绝对不会说他有一种磁性人格，能够将大家聚集在一起。

磁性人格的发生，是需要成就来做基石的。人们不会将一个Loser当做自己模仿的对象。就算他身上具有那些美好的特性又怎样？没有最后的成功来做注脚，人们所能给予的只有同情和慨叹。绝没有所谓"人格魅力"笼罩下所出现的行为。励志成功学的作者们深谙这个原理。故而这已经成为一个屹立不倒的公式：

苦情人生戏码＋奋斗进阶＋成就脚注＝成功楷模

近来，由于当前社会弥漫着无厘头搞怪、作秀、为名利搏出位的乌烟瘴气，批评家们不惮以最恶意的揣测来评判人心——将运用这个风行了半个世纪，几乎达到放之四海而皆准的公式的人，直批二字"装样"。当某个成功人士，面对成千上万人的听众，现场的、通过电视、网络直播或转播的，他条件反射地就会戴上这个"装样"的面具，根据这个公式来进行他千篇一律的成功励志演说。严格意义来说"装样"不是一个贬义词，应是一个经典概括语。然而，由于人性的阴暗面，大众心理却宁愿相信"装样"的人本身是邪恶的，动机不纯的。古斯塔夫·勒庞在《大众心理学》中，对这一现象是这样描述的：

　　群体永远在无意识的领地漫游，会随时听命于一切暗示，表现出对理性的影响无动于衷的生物所特有的激情，他们的批判能力都消失了，除了极端轻信外不会有别的可能。

　　批判能力消失了的大众群体，只简单接受了"装样"一词的字面意义，自动脑补为虚伪、心机深沉、为达其不可告人的目的而愚弄大众。这样一来，群起而攻之，一些有心做善事的人们也不得不谨慎起来。因为，他们怕被扣上"装样"的帽子。

　　装也是要有装的资格，在这个问题上，我们不妨以善意来揣度人心，毕竟，就算这些人在装，他们所发挥的社会影响仍然是积极的、正面的。名人做公益事业、领导人下基层，我们心里自然明白这是要"秀"，但"秀"的结果是好的，是作出了好的表率，这就足够了。何苦用"装样""作秀"这四字屠刀，将人类行为中一些向善的举动一概斩杀了呢？

　　第三种人，这是真正值得我们尊敬和爱戴，就算是疯狂模仿都不过分的人。如史蒂夫·乔布斯，美国苹果公司的创始人之一，最伟大的发明家、企业家，他引领苹果公司的几十年，以其敏锐的嗅觉和无可比拟的天才创想，深刻改变了现代通讯、娱乐乃至生活方式。2011年乔布斯去世，失去了乔布斯的苹果公司，仿佛失去了灵魂。和第二种人不同，乔布斯的成功之路没有苦逼地奋斗史渲染，他就是那种受了上天眷顾的天才，凭借过人的智慧和勇于变革，不断创新的举动，永远都走在时代的前沿。无论是之前的皮克斯动画（Pixar Animation Studios）还是后来的苹果公司，他的成就让后来人只能望其项背。但就乔布斯本人来说，他自小被生母抛弃，有心理学研究者称，乔布斯是一种典型的自卑型人格，他终其一生，只是想告诉母亲一个事实：你当初抛弃我是错误的。这个看法在某一层面或许能解释乔布斯奋斗的动因。但人的智力在增长，心理生存能力随着阅历的丰富、经验的积累而不断加强，完全将乔布斯的奋斗动因归于被生母遗弃后的愤恨和自卑是有失偏颇的。更何况，乔布斯被人收养，并非是在一个母爱缺失的环境中长大。乔布斯在人们眼里，是一个神经高度紧张的工作狂，但又极富热情，善于激励别人，他有一个"现实扭曲场"，对技术的热爱达到了偏执狂的地步，他傲慢而偏执，但同时，与他共事的人又不否认他"具有禅宗信徒一般让人镇静的力量"。这就是乔布斯人格魅力的完美展现。人们欣赏他，崇拜他，靠近他，模仿他，哪怕供他驱驰也觉得是一种幸福。只因为大家从乔布斯的状态，从他事必躬亲的行动里，从他对技术的精益求精、尽善尽美的追求中，体悟到了一种征服的喜悦，一种对生活、对事业具有强悍掌控力的示范。

三种类型的人，唯以第三种最为真实，达到了外在人格与内在真实人格的高度统一。故而，当我们再次听到或看到有人评价某某具有人格魅力时，便可以以这三条去印证，得出一个准确而理性的印象，而不是被舆论牵着鼻子走了。

第二章————

02

情绪的正能量

>>> 第一节
心灵减压的误区：慎待情绪发泄

> 凡以愤怒开始的行为，必以后悔结束。

从前或许不觉得，就算有所觉也自我催眠继续迷糊下去——毕竟要"难得糊涂"嘛！今年的际遇却令我有百年前的"猛回头""警世钟"的震撼：原来这短短几十年的人生，最最恐怖的，却是"理所当然"四个字；原来如相当一部分同胞一样以五千年辉煌灿烂文明而自豪的"大中华分子"之一的区区在下，不过是在成长中被各式各样的条条框框，束缚得早已失去独立思考能力的盲从盲信的可怜虫。一百年前的伟人大声疾呼，要我们不做古人的奴隶，不做权威的奴隶，凡事要想个为什么，问一个为什么。可是一百年后，我们还是各种各样的奴隶"房奴""车奴""孩奴""卡奴"……

也许要有人来痛骂笔者，这篇不是说的心灵减压的话题么？怎么一开篇就信马由缰、离题万里了？可这却是笔者真实地在思考这个问题达一个多星期的感受啊。从前，笔者还只是零星怀疑，因为终究没有得着证据，只能将这零星的怀疑暂且压服下，仍然和大多数人一样对"理所当然"继续信服和践行。但怀疑的种子已经埋下，一旦得到合适的温度终究要破土发芽，长成一棵树的。就在笔者写这篇文章的前两天，还不死心，做了一个抽样调查。随机问一些人：如果你觉得不开心、愤怒、压抑、沮丧，你会发泄出来，大吼大叫或者大哭一场，彻底宣泄一通，这样就好一些了么？答案几乎千篇一律都是肯定！笔者实在是不甘心，又细细调查分析了一番，查找这个说法的总源头。结果真是令人大吃一惊：很多人以为这是西方心理学观念普及到国内以后才出现的心灵减压法，事实上却是源自于我们自己想当然的"移花接木"。要知道以情绪发泄来进行减压，这样急功求成的方法，在西方心理咨询师执业生涯中从没有使用过。不说太深奥的，只说我们大家都熟悉的西方心理学畅销书，以及西方影视剧、文学作品中，有谁看到过，一个焦虑或沮丧的人在心理咨询师的沙发上或是躺椅上，被一个仿如打了鸡血的心理咨询师鼓动着：宣泄出来，大声喊叫出来，对着一个空旷的地方，或是干脆登上山顶，大吼一通，就会好起来。有么？笔者谨慎点说，至少笔者和周边的朋友们没有见过，倒是近二十年来的港台剧、大陆剧，或是快餐文学中，大篇幅充斥着这样的桥段。百试不爽，犹如万金油一般，一来热闹好看，二来足够煽情，三来简单易学大众风行。还有什么比这皆大欢喜的局面更好的呢？于是不知从什么时候开始，乐观一点估计吧，从上世纪 90 年代算起，我们黑发黄肤人心中，认定了这个用情绪宣泄来心灵减压为"理所当然"。

因为信的人太多，践行的人太多，于是原本不信或还持有怀疑的人也不得不随大流地信奉了。十年前笔者还在攻克 MBA 教材案例时，也十分热衷于啃读国内的企管书籍。赫然发现，有人居然将这种心灵减压法写进了中国式企管法则中。那时深深地对此感到疑惑，不妨借一则笑话来谈谈这个案例。

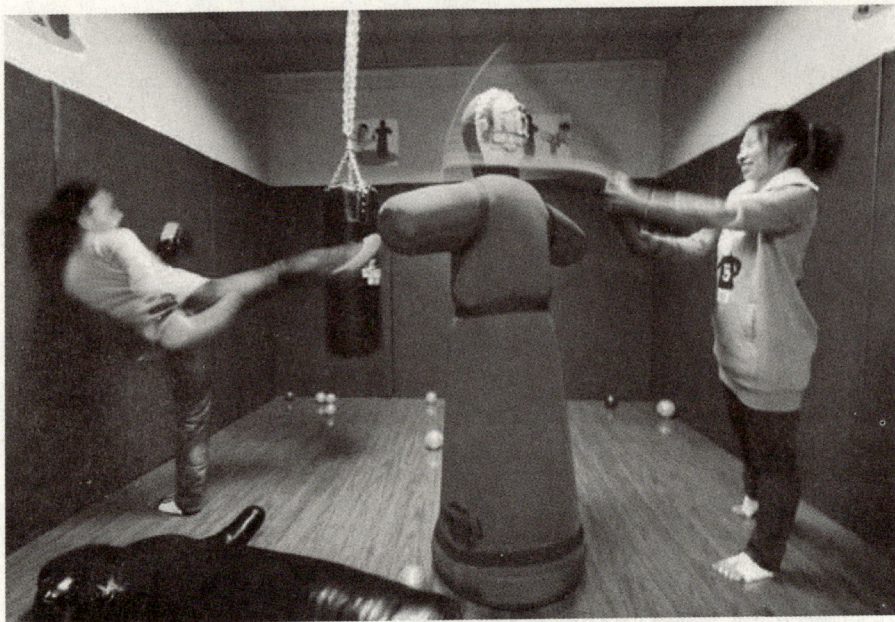

商人们以敏锐的嗅觉从情绪宣泄理论中挖掘出商机，上图为情绪宣泄室及道具

　　有一企业老板对待员工甚是苛刻，但他也不是毫无优点，至少他勤学不辍，办公室里占一面墙的大书柜里摆满了各种大部头的企管宝典。时不时就拿里面的理论来训导员工，话说得那叫一个唾沫横飞、冠冕堂皇，可真要干活时又是他自己的一套。背地里员工们给他起了个绰号，就叫"放你丫的P"。他自知员工对他不满已久，恰在这时，他从一本企管书里得到了这样一个提示：一些大公司会专门开辟一间情绪宣泄室，按照上司或老板的样子制作成塑料模型，任由员工殴打发泄。这样员工通过暴力发泄后，就能更积极更有动力地投入到工作中去了，而且上下级关系也空前的好。他如获至宝，马上拨款，建了一间情绪宣泄室，还花了大价钱定制了一个1:1比例的自己的塑料模型。万事俱备后，他就对员工宣告了这件事，还十分大度地将

钥匙交给员工们轮流保管，表示：你们尽管出气，我不会去看的。这一天在诡异的气氛中度过。第二天，他实在忍不住好奇，悄悄拿起备用的一把钥匙，打开了宣泄室，一眼望去，"放你丫的P"吓得一屁股跌倒在地，冷汗嗖地一下布满脊背：原来，偌大的宣泄室正中央，惟妙惟肖"放你丫的P"的模型的头颅不知被谁一刀砍掉，跌落在地，断颈朝天。

这个笑话虽然粗俗，然而却正是所谓情绪宣泄误区的直观写照。生活中、工作中、交际中，人们会有各种各样的情绪，正面情绪让人兴奋激昂、充满动力，负面情绪让人沮丧焦虑、颓废胆怯。但是一旦情绪的累积达到了让人感觉有压力、有了负担的时候，这时不负责任地来一句：那就吼出来吧，发泄出来吧，狠狠打一架吧。说这话的人和听这话的人都快意了，都满足了，谁都不会去深入想一想这样宣泄下去的后果。人都是有惰性的，事情不到了十万火急，问题不摊在面上，造成了大损失的境况下，都还想着能瞒就瞒、得过且过；更何况这所谓的情绪宣泄减压法确实有小打小闹的效果呢？比如说心情压抑郁闷了，大声哭一场确实轻松多了；比如说远足旅行，面对群山云海、广阔原野，放开喉咙嘶吼一通，确实通体舒泰，难道不是效果么？

话又回到本文开头，这就是最让人气愤和无奈的"移花接木"术。明明这一种宣泄是无损于他人的自然行为、个人行为，怎么能就被那些"聪明人"移植嫁接成"只要有了情绪就要宣泄出来"的金科玉律呢？仔细回想一下西方心理咨询师的做法，他们从来没有让他们的病人去爆发去宣泄，一张沙发，一张躺椅，一个安定人心的氛围、友好和善彼此信任的气氛里，心理咨询师们循循引导，认真倾听，病人要做的是舒缓情绪，咨询师要做的是从病人的言行和回忆中找出他情绪积压造成压力的症结。

如 L. 罗恩·哈伯德的《戴尼提》，一部畅销五十年，销量据称突破两千万册，跨一百多个国家的有关人类心灵的著作。"戴尼提"（Dianetics），这个单词源自于希腊文 dia（意即穿越）和 nous（意即灵魂），阐述的是心灵和精神体的基本原理。在这样一部宏伟的著作中，"戴尼提"理论中所提及的有关心灵减压的"清新者"之类的概念，从来不是肆无忌惮的情绪宣泄。而是一种对心理现象有系统规划地整理编序重新归档。"戴尼提"在西方世界所受到的推崇远超过国人想象，因为它本身就不是定位在精神病治疗，只是一种心灵自新，戴尼提的目的在于产生"解脱者"[6]和"清新者"[7]。很显然，"解脱"和"清新"的过程，绝不是所谓的情绪宣泄做得到的。我们的"聪明的前辈"从西方心理学中鹦鹉学舌地学来几个名词，然后想当然地"移花接木"，就给我们留下了一个"心灵减压需要情绪宣泄"这样一个似是而非，弊远大于利的结论。

社会习俗、群体心理普遍接受的观念，不是一下两下就可以纠正过来的。笔者也无意做"宁为玉碎，不为瓦全"的斗士，只是拼尽全力，要在大家勉强还能接受逆耳忠言的情形下，想一些补救和缓冲的办法。不要急于驳斥心灵减压需要不需要情绪宣泄，也不要急于列举情绪宣泄后的感受。若真是无法说服自己，那只要记得慎待情绪宣泄，在独处无人处，在远离人群处，放纵一下，任性一回就好。千万千万不要将这种念头带到社会群体生活中来。须知人类的情绪有一道阀门，在理智的监督下，约束着人们，成为社会群体中正常一分子。一旦有一个声音蛊惑着，愤怒就要大吼，就要暴力袭击；伤心就要号啕大哭；焦虑不安就要搞破坏，那就一发不可收拾，开闸了的洪水，难道还指望着能当头拦住么？

---

[6] "戴尼提"理论中特指：一个已经从自己的主要忧虑和疾病中解脱出来的个体。

[7] "戴尼提"理论中特指：一个拥有比当今正常人更高智慧的最佳个体。

有一句无名氏的名言"凡以愤怒开始的行为必以后悔告终"。几百万年的进化，生存的残酷竞争，人类古老基因中就有好战、热血因子。自我掌控力不强的人，或意志不坚容易接受暗示的人，是最容易激活这些因子，做出事后连自己都不敢相信的行为的。早前，有行为学研究者创造性地用一个新名词"情绪动物"来称这种任凭情绪宣泄、被各种情绪左右缺乏理智的人。这真是一个令人叹服的总结。原来，当我们为情绪所左右，心灵压力过大时，如果任由情绪宣泄就沦为了动物了呢。仔细想想，现实中还真是这样一种现状。

有一些现象，一些理论，不点拨出来，不特别用心理分析法来解剖一番，就看不清现象后隐藏的本质。这些仅仅是读书还不能做到，最重要的是需要一个勤于思考的大脑。再说一个简单的例子，有家暴的家庭里，丈夫第一次打了妻子、父母第一次打了孩子，必然的，有一回就有第二回。愤怒之下的丈夫、愤怒之下的父母，痛骂、饱以老拳，情绪当时得以宣泄，而对方也一时慑于威压表现得屈服，这两样刺激了施暴者心灵机制当中的情绪阀门。开闸放水那叫一个畅快啊，于是，在无意识当中，这种行为被归档为有效解决法和自我得益法。日后，同样的情景再现，怒火自然而然就会引发同样的行为。有的施暴者在宣泄完之后就后悔了，无论他（她）怎么忏悔，保证日后再也不会施暴，但等到同样的触机出现，他（她）仍然不受控制地重复了怒骂、殴打的行为。这就是"情绪宣泄"在潜意识中留下了深刻印痕，就如同在人的心理机制当中安装了一个按钮，触机就是相同或类似的情境。曾经包括笔者在内的许多人，不明白为何这样的家暴处理结果不是"浪子回头金不换"而是"江山易改本性难移"，现在，想必都要清醒了些吧？这都是"心灵减压依靠情绪发泄"的错误信仰所惹下的祸端啊。

>>> 第二节
情绪影响行动力：$PI= \sum\limits_{x \neq 0}^{n(1, +\infty)} (eh+ap)nx$

　　现阶段西方心理学家所推崇的是一百多年前被视为当代心理学之父的哲学家威廉·詹姆斯。他提出了一个截然不同的关于情绪与行为的心理学观点。我们普遍的认知是：一些事件和想法会让人产生某种情绪，而这种情绪反过来会影响人的行为。但威廉·詹姆斯的观点却是：情绪与行为之间是相互影响的。在这个层面上，二者没有孰轻孰重和先后之分。用他的一句名言来说，那就是"如果你想拥有一种品质，那就表现得你像是已经拥有了这个品质一样"。

　　但，千万不要将威廉·詹姆斯的这句名言与当下流行并且被普遍认同的关于身份假想、成功假想观点相提并论。实践已经证明后者是完全没有现实基础支撑的白日梦。诸如：你想要成功那就先想象自己是个成功者；你想要成为有钱人，那就想象自己已经成为有钱人……从而去接触成功者的圈子、有钱人的圈子，等等。这种不对等的交往和融入，会被圈子的法则打击得一败涂地，连原有的阵地都有可能失守。

　　与此不同，威廉·詹姆斯完全站在唯心的立场上来谈这个观点，注重的是内在修养——品质。任何有明晰分辨力的人都会知道在品质的涵盖范围内，并不包括成功、有钱、成名……等等一系列闪耀的社会价值标签，将品质与社会价值标签混为一谈，除了混淆概念以外，提倡者的动机就很值得怀疑。东西方文化尽管存在着差异，但不可否认的是，有关个人修养和品质的定义，都承认其是一个内部建设的过程。

威廉·詹姆斯（1842—1910），近代史上美国最具影响力的哲学家和心理学家

内部建设，根据威廉·詹姆斯的理论，可以表述为：如果人们表现得快乐，人们的内心就会真的感到快乐；如果人们做出坚定坚毅不容动摇的动作表情，那么他的内心也被积极饱满的情绪所鼓舞着，时刻准备投入战斗……詹姆斯以后的心理学家们通过各种心理实验证实了这一点。内部建设有了一定的基础后，再付诸外部行动，这就产生个人影响力。根据演绎推理法则，

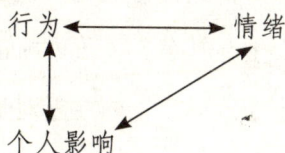

行为 ←——→ 情绪

个人影响

行为所产生的个人影响力，又与其行动力的评估分不开。为了鲜明直观的论述，我们新建了一个公式。个人影响力（Personal Influence）、情绪（emotion）、愉快指数（happy）、行动力（action）、持久力（persist）、事件

数（number）、对外影响指数（x），因这节着重讨论的是个人所采取的行为对他人周围环境的影响力，故而 x ≠ 0，由此得出下列公式：

$$PI = \sum_{x \neq 0}^{n(1, +\infty)} (eh+ap)nx$$

人的社会属性，表明要实现个人价值，必须融入社会，通过自己的行动力来给他人、社会施加影响。在这个大前提下，个人以积极的心态、充满正能量的情绪投入到行动当中去，其产生的影响力也将是积极的、正面的；个人行动力越强、坚持时间越长久，随之而产生的影响力也就越大；人在一生中，持续地、坚定地去做某一类事、某些事，若干事件的总和所造成的影响力，最后将成为此人盖棺定论的依据。但各个领域、各行各业用以评判的标准自成体系，故而个人影响力公式中 e、h、a、p、x 的取值将因行业内部评价体系来设定取值标准。

一生的范围太广，一件事的范围太抽象，持久力、对外影响力的数值取定掺杂了太多变数。人们能把握的只有现在，根据上述公式，改变从现在开始：嘴角向上，推挤颊肌，做一个微笑快乐的表情；挺直腰背握紧双拳，振动挥舞，来一个充满力量的动作。这样一来，会感觉到对现实的掌控权又回归自己手中。关于这一点，销售行业的佼佼者们体会最深。玫琳凯企业创始人玫琳凯·艾施女士在其著作《玫琳凯谈人的管理》中提到了一件给她留下深刻印象的事：玫琳凯十分注重对员工和美容顾问的激励，定期邀请社会上知名激励家来给美容顾问作演讲。有一次，玫琳凯邀请的一位激励家，因为飞机晚点，到达会议厅时，离正式演讲时间只有十分钟。这位激励家风尘仆仆，面上满是长途旅行后的疲惫。玫琳凯有些担心地问他是否需要休息一会儿。这位激励家婉拒了她的好意，接下来他的举动令玫琳凯吃惊了：这位激励家来到楼梯拐角处，使劲地原地蹦跳着，大幅度地挥舞手臂，活动着面部肌肉并瞪大眼睛，就这样持续了十分钟，过后，他就精神饱满地走入了讲堂。玫琳凯女士事后不无赞叹道："很显然，这是一堂非常成功的激励课。他走上讲台后，简直变了一个人。"这次的事件给予玫琳凯以极深的触动，情绪的改变可以影响行动力。玫琳凯将其融入到自己的企业文化中去，并塑造了一整套具有玫琳凯特色的"独特行为语言"，如热情拥抱、毫不吝啬的鼓掌、标准八颗牙式微笑，这些举动，无一不给美容顾问带来深刻影响，帮助她们不断挑战自己，走向成功。

对于大多数人来说，情绪的改变还只停留在意识层面，认为这只是与人的行为无关的内部自我调节和适应的过程。上面那位激励家用他的行动告诉大家：最直接有效的改变情绪的办法，是先做出与之相适应的动作表情出来。当然这与我们常说的强颜欢笑和面具伪装是有很大区别的，后者是在迫使自己进行分裂，用一个内在的真实自己旁观现实的自己来演戏，无论演得多么逼真，站立在心灵之窗中的真实自己仍然是一副排斥对抗态度。然而出于目前科学家们还无法解释的第六感，这种排斥感会令周围的人感受到。可以说这种行为是先调出一个真实自我来与外在行为对抗，心理活动早于外在行动。我们这里讨论的则是一开始完全不带心理动机的外在行为，如翘起嘴角、握拳上下挥舞手臂；皱眉拉长脸、使劲跺脚；面部肌肉僵硬、面无表情、双臂垮塌、含胸驼背，当人们只是按照指示做出这些表情和动作，几分钟后，测试者都会反应：他们也随之有了相对应的激动喜悦、生气愤怒、沮丧怯懦的情绪。

人们对这一现象感到困惑不解，成功励志畅销书作者们却对此欢呼雀跃，因为这意味着他们将有更多的实验案例和数据来证明"精神胜利法"

的妙用。但是正如前面所分析的个人行为影响力的公式中各因素的取值变动会影响结果，但绝对不能由此断定，只是因素之一的情感（emotion）的改变。例如积极亢奋信心膨胀的情绪充斥胸间，就不一定能断定结果一定是成功的、充满积极的、正面的。因为从基于人类最高利益的道德准则和法律来看，对外影响力 X 的取值极有可能是负数——暴力犯罪与违法。行动执行力（action）取值也有可能为零，也就是说仅仅停留在空想，并不采取任何行动，那此人的影响力所起的作用，只是反作用于他自身，形成一个空想不切实际的恶性循环，根本对社会、对他人造成不了实质的影响。在这种情形下，单纯提倡"假想成功法""精神胜利法"的做法，事实上是以偏概全，只起了盲目鼓动人心的作用，至于过程和结果如何，就不在那些"砖家"学者们考虑范围之内了。

n 为自然数，最小取值为 1，这个取值是用以描述那些用一生的时间去做一件事的人。这类人有平凡的普通大众，也有发挥了重大影响力的伟人、名人。当然在公式中，这两种人完全能区分开来，因为情感积极指数（happy）的取值不同，前者是简单重复，当成工作任务来机械完成，谈不上积极不积极，主动不主动；后者则是热爱并投入到某一项事业中去，从中获得身心愉悦、灵感无限、创造力无限，情感积极指数一直维持在一个很高的水平。在对待困难的态度上所表现出的持久力（persist）的取值也不同，前者会抱怨、求助他人、或是干脆放弃；后者具有锲而不舍、百折不挠的精神。同样是只做一件事（n=1），但结果却是大相径庭，利用个人影响力公式，可以完整清晰地将这种差异性表达出来。

我国著名表演艺术家六小龄童，用 17 年（1982—1999 年）的时间完成一部名著《西游记》的电视剧拍摄，六小龄童因此成为中国影视界第一位被载入大世界吉尼斯纪录的人。对于他此生与猴戏结缘，他曾满含深情地说："人生能做好一件事就好，关键在于'总结过去、正视现在、设计未来'，走出一条无愧于国家、无愧于自身的人生道路。"用个人影响力公

美猴王与他所饲养的小猴互动

式来描述六小龄童的艺术生涯，$n=1$，这是明确的；他在"猴戏"以外的社会活动中，所流露出的"孙悟空""西游记"情结，也深深打动了人们：他不是在表演，而是沉浸在艺术创造的精神享受中，基于这一点，情感愉快指数的 h，可以取艺术领域最大值；他出身于被公认为"美猴王世家"的"章氏猴戏"，除了在影视剧中饰演猴王孙悟空形象外，商业活动、文化艺术交流活动、公益活动等社会活动中，"猴戏情结""西游记情结"始终贯穿其中，可以说做一件事的持久指数 p，也是取最大值。自《西游记》电视连续剧诞生以来，在国内外造成轰动效应，六小龄童蜚声中外，成为家喻户晓的传奇人物，故而社会影响指数 x 也可以取一个文化领域的较高值。综合计算下来，六小龄童的个人影响力就成为了成功艺术家的典型代表。

　　研究分析个人影响力公式，或说是个人社会价值体现公式，所体现的都是个人主观能动性在其中所发挥的作用，毕竟客观存在不以人的意志为转移，作为高等智慧生物的人类，即使要改造客观世界，其前提也是发挥

主观能动性，采取行动，参与到社会生产生活实践中去。在这里，个人对生活的掌控力的取得，主要因素都被涵盖进了公式的逻辑描述中去。成功励志也好，是非功过评判也好，有一个科学严谨的标准，可以让人们更理性深刻地认识社会众生相背后的心理机制，完成"不惑——掌控——心理强大——大自在"的思想进阶目标。

>>> 第三节
建立负面情绪防火墙

> 活在当下，行动起来，这就是负面情绪的防火墙。

西方心理学家指出，人类大脑，天才的使用率最高不过 30%，普通人一生只运用 10% 左右。这 10% 的运用已经足够人类稳居地球高等智慧灵长类生物的顶端。那么试想一下，倘若剩下的 70% 也能被开发和充分利用的话，人类会呈现一个什么样的发展前景？没有人能确切回答，甚至连推测想象也说不出个所以然来。造物主是如此的神奇，足以记忆 100 万亿个单词的人类大脑容量，平日里所使用的，所接触到的，连千万分之一都不到。这样一个精密而功能强大的器官，每天处理数以百万计的电脉冲信息。有来自感官的有意识的，如眼、耳、鼻、舌、身、意；有来自人类自身无意识的生理行为，如心脏的跳动、肠胃蠕动、细胞新陈代谢活动等等。

有意识与无意识的思维活动不是绝对的，基于人类求存的趋利避害性，人们会抑制那些令自己不舒服的情绪，恨屋及乌，产生这些不舒服情绪的一些标志，也在自己潜意识库中建立了一个档案，反射性地排斥、厌恶、不安。根据弗洛伊德理论，这些不好的情绪由于人们有意识地排斥和回避，甚至用遗忘和忍耐的处理方法，逐渐将其驱赶入潜意识库中。这样一来，好像一切都恢复正常了。然而选择性遗忘并不能从根本上解决问题，这样的情绪垃圾越来越多，如果没有正确的方式来疏导，到了一定的临界点，就成了病态。

情绪垃圾突破临界点，成了心理疾病，那自然是心理医生该接手的活计。不过大多数人却是在临界点以下徘徊，称之为亚健康心理。身体亚健康的人有可能猝死，心理亚健康的人也十分危险，因为说不准，某一个时刻的外来诱因触发了他潜意识里那些他强迫忘却的记忆，做出一些疯狂的举动。近两年有一部美国电视连续剧十分火爆，原名为《CRIMINAL MIND》，中文译作《犯罪心理》。故事讲述了一帮 FBI 心理学特工精英汇聚在一起，接手全国最棘手的连环犯罪案件，与普通探员不同，这群精英们主要通过调查分析犯罪嫌疑人生活经历及其行为，推演出其犯罪心理，从而预测出其下一步的犯罪行为，在犯罪发生之前，就将其遏止，并将犯人绳之以法。

抛开剧情的惊悚悬疑不提，每一起连环犯罪的凶手，他们早期的生活经历以及心路历程都很值得玩味。例如，有一集讲了一个灭门连环案。受害人无一例外都是儿女双全的家庭，并且极其变态的是，凶手似乎在行凶之前，还让受害人儿女扮演成他的孩子，一起玩起了过家家游戏，最后才从容不迫地将一家子逐一杀害。探员们通过细致勘察现场，从墙上一幅儿童涂鸦中找到了疑点，因为一连三起的案件中，都有这样的一幅有房子有树木，代表温馨之家的儿童涂鸦水彩画。最后，探员们抓到了职业是幼教美术老师的凶手。从凶手的描述中，可以得知他的婚姻家庭十分糟糕，孩子们疏远了他，觉得他不是一个好爸爸。他努力地压抑着自己的愤怒与不满，这种愤怒与不满在他发现他的学生，那一个个天真可爱的孩子，用鲜亮的色彩画着他们幸福的家的场景时，触发了他心底里深埋着的暴力因子。于是一桩一桩的惨案在这个冷血杀手的扭曲心理的主导下爆发。最令人吃惊的是一直到他被抓捕，面对 FBI 探员讯问时，他表现出来的毫不在意和玩世不恭，在探员指出他的犯罪也毁了他自己的家庭和孩子时，他的伪装终于破功，歇斯底里地大吼："至少，我是一个好父亲！"

研究人类的心理实在是一个庞大而复杂的工程。然而，这绝对不是我们可以轻忽、可以逃避、可以难得糊涂的事。鲁迅先生曾说："我向来是不惮以最大的恶意来揣测他人的。"这句话在今天看来，更是妥帖。笔者也是主张人性本恶的。毕竟当我们抱着善良、仁爱的心理处世时，我们实在不知道哪些微不足道的言行会触动某些濒临犯罪心理临界点的人的潘多拉之盒。如上面例子当中，孩子们何其无辜？他们只是用彩笔画出心中最美的景致，谁知这就触动了那罪犯的神经，引来杀身之祸。就算是到死，他们和他们的父母兄弟姊妹都不会明白，引来这场祸事的只是那一幅水彩画而已。

犯罪心理是人类心理学里的一个极端的例子。因为道德伦理、法律的束缚，大多人类负面情绪的堆积所造成的恶果，仅作用于自身，或是仅在一个小的范围内发作，并没有引起当事人和周围人的警觉。更可悲的是，被负面情绪折磨的人不但得不到周围人的理解和关爱，反而被漠视和排斥。在西方国家，看待心理问题和心理疾病，人们更为理性，也愿意接受心理医生、心理咨询师的治疗、疏导和帮助。可是在我国，因为文化观念的差异，以及我国心理学发展所处的幼龄期，不说向心理咨询师寻求帮助，人们对心理问题也是十分避讳的。去看心理医生，这等于是自认"神经病"。社会上流传最广的那些关于神经病人的笑话，折射了这一扭曲社会群心理。

长此以往，还有谁会正视这种潜在危害性难以预测的心理问题呢？

近十年来，有关心灵修养、心理减压类的书籍、网络论坛十分受追捧。这从侧面反映了当今社会群心理的焦虑、不安，大家急切地想要寻找到实用的心理学武器，来破开这一层迷雾，走出沉重窒息的心理困境。笔者在这样的时机里提出了"锻炼强悍的心理生存能力需要建立负面情绪防火墙"的命题，是有着深度考量的。我们的文化传统、哲学土壤与西方不同，这就注定了我们无法照搬西方的那一套。无论是西方心理学疗法中的话语引导、追溯分析法；还是那些激励大师们激情四溢地鼓吹创造快乐情绪、想象完美的自己、像成功者和伟人一样思考，诸如此类等等，在中国，除了引起一哄而上的热闹，收效着实不怎么样。

洋玩意儿不顶用了，从我们五千年的文化里总能挖到宝了吧？淡定、放下、知足、舍得，佛家、儒家、道家齐上阵，总会瞎猫碰上死耗子，

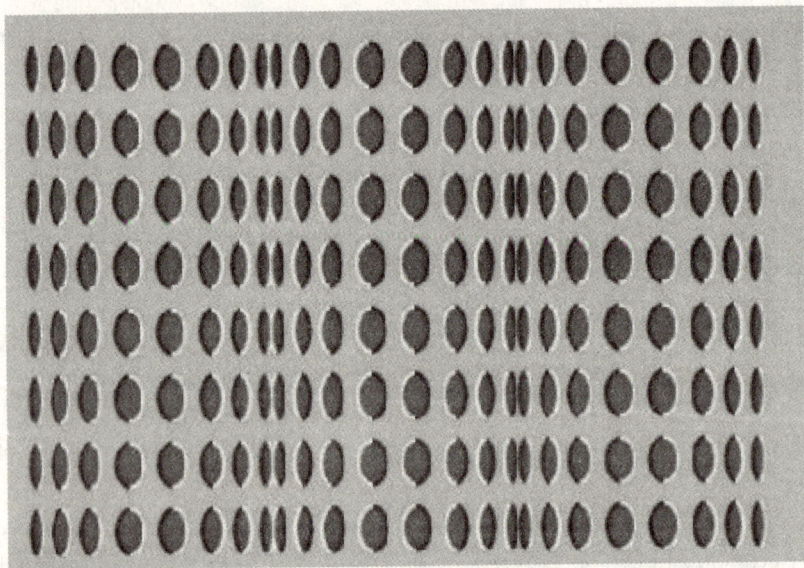

据说美国警方用这张图片为嫌疑人做心理测试，越是精神紧张，压力大，看到这张图片时感觉它的转速就越快

得着大家伙儿想要的吧？是的，不可否认，这些理论，的的确确可以让人平静下来，功力深的，亦有可能进入不悲不喜、心外无物的境地。然而千千万万不要忽略了，这样的理论其实就是麻醉剂，是要教人重回曾经的麻木不仁、百忍成钢的境地。如果我们还不能认清这一真相，"不识庐山真面目，只缘身在此山中。"那么外人旁观者的立场总可以看清了吧？从14世纪《马可·波罗游记》在西方广为流传开始，西方人对我们的描述，尤其是民族劣根性的描述，真叫我们汗颜。有一本书名为《凝视中国——外国人眼里的中国人》，其中有一节讲中国人的忍耐性的，很值得我们注意。罗素说："没有比中国人的忍耐更令欧洲人吃惊了。"西方人认为，中国人还有着非凡的忍受各种痛苦的能力。这种被西方人誉为"斯巴达克式的忍耐和坚强"，促使中国人忍受各种各样的苦难、甚至是死亡。这样的性格，与其说是忍耐的美德，不如说是逆来顺受的麻木不仁。看到了西洋镜里的真实面目，我们还有什么资格来大谈淡定啊、放下啊、知足啊、舍得啊？尤其是经历了数千年的阶级压迫、经过了近代两三百年的民族自由之风气熏陶。我们不主动，就真的足以安定和平了吗？

　　不要再来空谈修身养性，淡定忘却，舍得放下，等等，芸芸众生，终究你我还是世俗之人。既是逃不开藩篱，那还不如实实在在，脚踏实地地活着。活在当下，路在脚下。有意识地将负面情绪忘却与深藏，其根源只在于我们的怯懦与逃避。如果某个人、某件事让我们感到恐惧，难以面对，正确的做法，是迎头而上，强大自己的内心，鼓起勇气，一次又一次，行动起来。在行动中，一步有一步的进步，一点有一点的收获，如此，才能彻底地将这负面情绪从我们脑海里连根拔起，日后再也不能来困扰我们。只有实现了这一步，才的的确确地成为了"戴尼提"学说中的"清新者"。清除一点垃圾，心理也经此强大一分，心理结构也更加稳固一分。

　　笼统地说"行动"，不免仍有些抽象，不足以取信于人。如果在我们感到沮丧、乏力、狂躁、焦虑、恐惧害怕时，我们的心境还不足以理智到当即展开心理分析，对眼前处境有一个清醒理性的认识。那么，我们至少可以从最简单的行动做起。那就是行为影响情绪。很简单的例子，当我们感到忧伤时，我们可以尝试着大笑；当我们感到恐惧害怕时，我们可以睥睨鄙视那些让我们感到恐惧害怕的人或事物；当我们狂躁愤怒时，偏偏要坐下，慢慢品一杯清茶……这就是行动。一百多年前的心理学家威廉·詹姆斯早就验证了行为与情绪之间是互为影响，互为因果的，上一节里，我们对这个问题有着深入的讨论。如果这样去做了，并且坚持了，我们就能将负面情绪的影响减少到最低层度，构成一道最有效的防火墙。

>>> 第四节
试给国人普遍焦虑症开方

> 活着，就像明天就要死去。

　　记得有一位很知名的笑星在回顾自己的演艺生涯时，曾说："外国人的笑点很低，当我们觉得平白无趣时，他们都能哈哈大笑。我们的老百姓太累了，要操心烦心的事儿太多了，不使足了劲儿找好点子，甭想逗大家一笑。"看，这就是我们中国人，将"生于忧患"的信条贯彻得彻彻底底。

　　我们中国的老百姓苦啊，十几个朝代兴替，几千年的奴役和压榨，"兴，百姓苦；亡，百姓苦"。一百多年前的先哲们经受了西风洋雨的冲击，才算发出了挣脱奴性的怒吼；一百年后，"奴隶"却只见增多，不见减少，君不见那些房奴、车奴、孩奴、应试奴么？"奴性"仍存，君不见大众面对强权与暴力，只有慑服和避让，没有敢于抗争的普遍事实么？佛家有一个三难的提法：人身难得，佛法难闻，中国难生。意思是，这一生难得能投胎做个人，难得听闻佛法大智慧，更难得生在中国。我们三难并具，原本应该欢欣鼓舞，十二分满足才是，为什么还是苦海无涯呢？

中华民族是一个多灾多难的民族，古训曰："多难兴邦。"黄河、长江是华夏民族的母亲河，她们给我们带来文明的繁荣时，也同时带来了各种灾难。我们这个民族从一诞生开始，便是有着忧患的基因、与天争胜的骨气。所以，直到今日，我们骨子里也仍然是崇信端庄大方、老成持重。与西方人的乐观相比，我们的表情更多的是肃然，或者干脆无表情。身处其中的我们自然不觉得，可是外国人来中国不免要问：他们有什么烦心事？怎么这样的脸色？没有烦心事啊，也没有什么值得高兴的事啊，不这样还能怎样？这就是我们的想法。"人生不如意事十之八九"，既然人生的百分之八十、百分之九十，都被"不如意"占据了，那还需要特意地将"不如意"提出来么？就背着吧，背着背着也就成了习惯。看看，忧虑根植于我们的基因，又令我们习以为常，国人的焦虑症一直存在，只是近些年来被人单独提出，受到特别的关注，从隐蔽的后台走向了前台而已。

我们为什么感到焦虑？家家有本难念的经，各人自然会给出不同的答案。然而，这并不是我们今天要重点讨论的问题。从文化层面找原因，老庄的遁世思想，是在逃避问题；儒家的"修身、齐家、治国、平天下"的理想，更是自我约束苛刻要求到了极致，这种内圣外王的理想是一种苦修；佛家的觉者，因果轮回，万法皆空，六识为贼，要叫人归于寂的境地。儒释道三教合一，是我中华文化独有的气候，能得其三昧的，自然超脱，既无喜又何来忧？无欲则刚，也就没有什么焦虑不焦虑的说法了。然而你我芸芸众生多的是不能彻悟，剪不断理还乱的人。既然烦恼自俗世中来，还是去向俗世求一个安心法门吧。

三十多年的经济快速发展，GDP突突蹿升的同时，"仓廪实而知荣辱"，在十多亿国人终于不再为吃了上顿愁下顿的时候，近忧解除了，远虑有了。突然发现精神贫乏得厉害，大家犹豫了，迷茫了，慌张了。普遍地焦虑来袭，笑点也就越来越高了。毕竟"人身难得"，除了温饱，还有一个超级容量的大脑需要填充啊。从这一方面看，中国人的忧虑未尝不算是一件好事。毕竟焦急忧虑了，证明大家开始认真思考了。人类一思考，上帝就发笑。只要还肯思考，总有找到出路的那一天。如此，还不值得我们欢欣鼓舞么？

　　生理学上对于"焦虑症"的定义，是关于神经介质、大脑功能等等具体的描述。抗焦虑药物其药理也是要使神经介质趋向正常。但是这个方法并不具有普适性，毕竟并不是所有焦虑的人都得去吃药。和上节中的情形一样，这种国人普遍的焦虑是处在一个心理亚健康的状态。这样的情形，

蒙克作品《呐喊》局部，扭曲的空间，扭曲的人脸，画面传达给人的是一种焦虑躁动不安的情绪

不一定要依靠外界药物，人们依靠自己的心理调节机制也可以平复。我们在本书中一再强调掌控力，行为与情绪之间的关系，最终也是要通过深入透彻的心理分析，掌握心理规律，实现心理强大的目的。

前面既然已经证明了焦虑是当前社会群心理的一种突出表现，我们就没有必要再对各种各样的焦虑表现作细致的阐述。同样的，我们也不能个例个案地给出诊断结果。当然，这不是不可知论的神秘化。人类心理虽说复杂，但恒定的那几条规律从来不曾变过。古人曾坚定不移地相信：善谋人心者谋天下。这个"谋人心"就是根据固定的心理规律预测人的行为的功夫。说到这里，不妨再回头想想，我们的焦虑症所表现出的紧张担心、不确定不自信，恰恰是因为缺乏安全感的表现啊。没有了安全感，也即是没有了掌控力，事情又回到了原点——我们被我们想象中的困境吓住了。

五年前，笔者处于人生当中最艰难的一段时期，十分明显的焦虑症，在今天看来，似乎是不通过药物等物理治疗就不能缓解的时期。那时候，晚上迟迟不愿意上床睡觉，因为一睡觉，就意味着这一天就过去了；早上就算醒了，也迟迟不愿意睁眼，自欺为只要不睁眼，这一天就不会开始。现实永远是残酷的，无论笔者有多么的不情愿，仍然要按部就班地去工作和生活。那时，有人对我说，幸福是树叶尖端将要滴下来的一滴蜂蜜，只要去品尝就行。原来他说的是这样一个故事：有一个沙漠旅人，他孤身一人在沙漠腹地，走了很多天都没有看见人烟，水壶也早已经空了，嗓子干得咽口唾沫都生疼，更不必说啃干巴巴的馕。他一步又一步地走着，滚烫的黄沙也不能让他似乎灌满了铅的双腿快一点迈动步子。突然，身后出现了两条凶残的沙漠狼，它们猛地冲了过来，这个疲惫的旅人在求生的意志支持下，爆发出最后的潜力——跑了起来。很不幸，他掉下了一口荒废的古井，巧的是，古井中部长出的一棵灌木挂住了他的衣服。他就这样悬在半空，低头一看，不太深的井底里盘着一条手臂粗的花斑毒蛇，阴森森地仰首吐着信子；抬头一看，两头沙漠狼十分不甘心地趴在井口，努力要探下爪子来抓住猎物；往旁边一看，有一只大老鼠在咔哧咔哧地啃着挂住自己的灌木根部，随着它的啃食，旅人的身子也开始晃悠了起来。这时，旅人发现那灌木伸展到近前的绿油油的叶子上有一滴金黄的蜂蜜。于是，他凑上前去，伸出舌头接住了它。人生如此绝望，这一点点蜂蜜就是他的幸福。在这个故事里，我们不必严苛地去分析境况设定的真假，之所以以它为例，是因为我们每个人看到这个故事，并且代入进去时，会发现，绝望之后的平静，恰恰是要和那个旅人一样的做法。远虑和多思并非有错，但我们的许多烦恼和忧思，恰恰是将未来的日子想得太漫长，将计划订得太过繁杂。假如这时有人告诉你，明天彗星就要撞地球，你还会这样被焦虑的包袱压得寝食难安、坐卧不宁么？我想，你深思后的结果，一定会是放下包袱，珍惜剩下的 24 小时，做最快乐的自己。

这和那个沙漠困境中的旅人是多么的相像。活着，就像明天就要死去一样。有了这样一个信念，我们哪里还有时间和精力去焦虑呢？历经世事的老人这个时候总会劝导我们："车到山前必有路，船到桥头自然直。"更豪爽地，还会说"船到桥头自然直，不直大不了将它撞直。"这些话里就隐含了我们面对困境时的心态劝导了。从心理分析上来看，危机意识，忧患意识，可以激发人自身的潜能，采取行动，脱出困境。但这二者与焦虑症却是有着根本的区别。焦虑症可以说是一种长时间的精神压抑状态，是病态初期。这可不是什么好东西，能预防就要早做准备。不然，本来就只有短短几十年的人生，还要被这些莫名其妙的焦虑情绪占据，不是亏大发了？

关于中国人的普遍焦虑症的研究，早已经有大部头的专著问世。不论它是如何的细致，深入到生活中、学习中、工作中、交际中的枝枝节节，都是手把手地教人如何不焦虑。我们这里总归是要"问心"，相信不同的人生各有不同的精彩，不求做"指导大全"，只是要澄澈一点，理性分析再多一点，甩开心理包袱，轻松上路，这一点，对我们所有人都有益处。假如"昨天、今天、明天"，屏蔽掉"明天"，再拿走"昨天"，我们能把握的就只有今天，只有眼下的分分秒秒，我们还有什么理由让无用的情绪占据宝贵的时间呢！

第三章————

培养强悍的心理生存能力

03

>>> 第一节
# 人生存于社会，最根本的是实现心理的生存

> 人活一张脸，树活一层皮。

　　来到中国的外国人，如果要在这里逗留很长一段时间，并且不得不和中国人打交道的话，他们都要花费极大极多的工夫去研究中国人的"面子"问题。这个命题是如此重大，如此迫在眉睫，以至于他们如果不搞清楚"面子"这个东西，就会在中国举步维艰。然而，就算他们肯下工夫去钻研，这个面子就仿佛是中国的老子所说的"玄之又玄，众妙之门"，只能窥其皮毛，丝毫不能触其本质。例如，他们会很无奈地形容中国人的"面子"是一个很奇怪的东西，和西方人所理解的"体面"不同，中国人对面子的维护和执著简直到了不可理喻的地步。人与人之间的交际，"面子"是极端微妙，只可意会不可言传的。初来中国的西方人往往不懂这个"给面子"的学问，处处碰壁，想要办成一件事情，就算资质齐备，也有法可依，但各方人的"面子"没照顾到，也照样寸步难行。

　　到底，"面子"是个什么玩意儿？西方人要抓狂，咱们土生土长的中国人也有些犯迷糊，说不出个子丑寅卯来，然而我们自小从长辈们的言传

曹洪

孙权

夏侯渊

项羽

身教中，从社会经历的磨炼中，就算不能得其全貌，也大体能应付"面子"问题。譬如说宴席上，经常见到端着酒杯起立敬酒的人，敬的一方再三劝说，对方都推诿，于是敬酒方就开始"将军"："给不给这个面子？"生死事小，面子是大，社交应酬中谁也不能直白地说不给谁"面子"，被敬的一方只好委婉地表示："哪能不给面子，意思意思一下吧！"看，见一叶而知秋，这就是"面子"的威力。大家都晓得要给别人"面子"，给自己挣"面子"，怎么做才算有"面子"。

用心理分析方法来透视——原来，被外国人或讽刺或望而生畏，被中国人自己倍加推崇代代相传的"面子"，最终只是我们要获得一个"心理生存"的优势而已。从这个层面上来说，中国人是将"人生存于社会最根本的是实现心理的生存"这条定律执行得最为彻底和全面的民族。

"心理生存"这个名词虽然陌生，但却与我们每个人紧密相关，随时随地都在发生着影响。与人谈判时，谁的心理生存能力够强，谁掌握谈判主动性的可能就更大。当然，这是有意识的应用；处于底层的大众群体，则是不自觉的应用。这一群体现象，鲁迅的《阿Q正传》里刻画得最为传神。后来人总结其为精神胜利法。阿Q是旧时代千百万底层民众的一个典型代表。他欺软怕硬，没有什么坏心眼，也没所谓的志向。因着一把力气混口饭吃。打架打输了，就自我安慰："这是儿子打老子。"被比他高阶层的人欺负了，转而去欺负更底层的小尼姑。这就是他的"精神胜利法"，即获得"心理生存优势"的办法。这样一个处于底层的可怜虫，在我们今日看来，生活简直是惨不忍睹，夸张点说，换成我们去过这样的生活，那日子还有什么想头？然而阿Q却不这么想，他过得滋润着呢，挨打了算什么？"儿子打老子"啊，"老子"让着你呢，你"龟儿子"等着挨雷劈吧。洋秀才打了几哭丧棒算什么？小尼姑不是被吓得落荒而逃了？阿Q十分开心，精神完胜，心理上满足了。

今日的"阿Q们"依然存在。如公司里混得不太理想的家伙，在又一次裁员风潮来临之前，主动离职。然后就对身边的人说："我炒了公司，领导哭着喊着不放人，找我谈了好几次话，不过既然决定了，谁来说都没有用。"然后他自己和身边的人也就确信是他炒了公司不是公司炒了他。外国人曾经对这种现象很不可思议。但在我们中国人看来，这种做法太正常不过了。这就是识时务啊，面子里子都顾及到了。这个时候，当事人心理上实现了平衡，他将主动权掌握在自己的手里，虽然结果一样——都离职了，但他找到了心理优越感，这样他就可以理直气壮地继续后面的生活了。

我们经常可以看到、听到某某人跳楼，某某人从天桥上跳下来等等新闻，人与动物的本能求生行为有一些不同，在意识到危险的同时，趋利避害的本能以外，还有一个理智分析，推演出如果靠近危险事物，会产生怎样的后果。这一推演的过程在心理上留下的印痕是一把双面剑：积极方面它起到了警示作用；消极反面这是破坏和毁灭的预演。正常人会用理智来抑制消极方面的影响，但是在当时那样的危急情境中，如果当事人被刺激到了，这道防控消极影响的堤坝就会崩溃。

譬如，有许多人会有这样一种感觉：站在摩天大楼的顶端，从上往下看，除了恐惧警觉以外，心底里还有个声音在说，跳下去的话就是死亡。那死亡又代表什么呢？这个时候，如果有一个外来因素刺激了我们潜在的那个要寻求死亡答案的心理动因，譬如和人争吵，冲动之下，人就会做出自我毁灭的举动。那一刹那间的心理优势的丧失，将潜意识里的死亡诱因呈数倍地放大，心理求存意志瞬间冰冻，所以很多突发的悲剧，就算当事人获救，事后周围人包括他自己仍然觉得不可思议：我（他）怎么会做出那样疯狂的举动呢？这才真是一念天堂，一念地狱。倘若我们能保留一丝清醒，时刻记得为心理的生存留一点空间，这样一来因轻率决定而造成的惨剧就不会发生。也即因此，在潜在死亡危险因素俱备的地方，人与人之间的交际就要拉紧一条警戒线，不能过分刺激对方，突破对方心理生存的底线。这一条是谈判专家们在面对有轻生意向和有暴力犯罪倾向的人时，十分警惕的。这个时候，双方就是在进行着一场没有硝烟的斗智斗勇的较量，谈判专家们分析推演对方的心理，预测他将可能采取的举动。整个过程中，谈判专家们殚精竭虑，直指一个目标，唤醒对方心理求存的意志。

与"面子"不同，自杀或暴力伤害他人事件是极端的情况。无可非议的是，这种极端的情况也最能明显地说明人的生存，根本的是要实现心理上的生存，心理斗争也就显得分外激烈。我们大多数人的心理生存能力还是足以维持正常的生活的，最多不过是受些挫折打击，有些精神不振、颓废低迷。形容一个人坚忍不拔、百折不挠，人与人之间交往也圆转如意，游刃有余，对应着也是指出此人心理生存能力足够强大。

自然界中，物种的存亡是要遵循大自然定律的。同样的，人类社会中，人类心理的生存也是要遵循定律——道德、伦理、法律、习俗，广泛地说，还有人与人之间交际的准则。这五大方面无论犯了哪一方，都是对个人心理生存能力的极大考验。如前两年的网络红人芙蓉姐姐、凤姐，近来的干露露、龚玥菲等人，这几位就是典型地挑战公众道德的底限，按照常理推断，公众的鄙弃唾骂就足够她们羞愧退却的，然事实却是她们越被骂就越红。越是千夫所指，越是大红大紫，这可真是咄咄怪事。仔细分析，这四位显然都是心灵极度强大人士，她们获得心理生存的优势也十分另类——自我催眠。在她们的价值体系中，为了"成名"，可以豁出去一切。被骂有什么关系？就怕人不闻不问呢，骂得越凶，证明关注的人就越多。出丑被当做反面教材又有什么关系？这就是我的价值啊，借用胡适先生的"不朽论"[8]来形容：流芳百世可以不朽，遗臭万年照样不朽。既然这是一项"不朽"的功业，自然也就值得好好做下去了。个人价值观与大众主流价值观相悖，这四位奇葩自恋到了极端，重新构建了扭曲的价值观，获得了心理生存的强大优势。

但这种优势不是绝对的，任何时代都会有不走寻常路的特立独行者，其言论与主流价值观相悖，西方称之为行为艺术家，我们则称之为狷介狂士，高格调的如春秋时的凤歌笑孔丘的楚狂人、魏晋时期的嵇康、阮籍、山涛、向秀、刘伶、王戎及阮咸等人，他们的价值观，可以拿来欣赏，却没有广泛适用性。这是赞美欣赏的例子，上面所提到的当代网络红人的四位奇葩，则是被大众主流批判鄙弃的极端，随着时间的推移，民众见怪不怪，其怪自败，这些奇葩也就悄无声息地湮没了。最终，主流价值观的地位无可撼动，实现心理的求存，道德、伦理、法律、习俗、人际交往五大规则不可不遵守。

---

[8] 胡适在《不朽——我的宗教》一文中提出的"不朽论"，以其影响广度和持久度来衡量，并非以其是否有利于社会来衡量。

>>> 第二节
读懂他人的心理暗示

> 听人说话，除了要听他说了什么，还要听他没有说出口的是什么。

关于这一条的修炼，老实不客气地说，笔者在前两年才将将够得上及格线。在此之前，也是那种听话只带耳朵，与人交际也只看表面的糊涂虫一只。万幸的是，就算笔者是交际白痴、谋算白痴，但从未停止过思考，因为思考而沉淀，因为思考而颖悟，就算这份觉悟来得迟了些，终究还是来了。更因为这种颖悟，呈放射性效应，许多曾经疑惑半懂不懂的人和事，如今竟然通透明晰起来，这不得不说是一个意外的收获。

笔者所从事的这一行叫文化圈子，有些许成就的人都自称搞文化的。十年前，笔者同所有可以被"激情梦想"等字眼鼓舞得热血沸腾的毕业生一样，对"文化"一词的神圣和向往近似于宗教的虔诚信仰。那时，恰恰第一位老板就是一位在国际上享有盛名的教授，身兼哈佛大学、剑桥大学等多家世界一流学府的客座教授头衔，他古色古香的办公室里，书香浓郁，珍贵的红豆杉木根雕艺术品大大小小数百件，四周墙壁上全是他与政界、商界、演艺界要人的合影放大照。桌上还摆放着他接受哈佛大学校长颁发教授聘书时的纪念照。笔者在教授老板的身边待的日子久了，才猛然发觉，原来每日接见名人、权贵要人就是教授老板的工作。但这其中并无甚新意可言，无非是关乎文化的一通神侃，继而延伸到酒桌上继续神侃，七八次下来，这些神侃的内容，笔者几乎能原封不动地复述出来，甚至对方有什么反应，该换什么样的说法也完全烂熟于心。这就是搞文化的人的工作和生活？笔者很有些迷惑，尤其是见识到外国人的参与后，更是迷糊：带着翻译前来的日本人，其虔诚到让人大跌眼镜的地步——就是那些日复一日浅尝辄止地谈传统文化的一席话，让一位日本医学院院长带着他儿子，噗通一声当着双方二十多人的面跪下来，执弟子礼向教授老板虚心请教。当时，笔者观察到教授老板第一反应是去搀扶那位日本院长，但是手伸到一半停顿了一会儿。这时那位日本人说了一句日语，翻译说是："老师请继续！"于是教授老板又稳稳地坐了回去，继续他的健谈。同样的，这个场景也被摄影师拍了下来，教授老板云淡风轻地笑着，日本院长几乎是带着狂热崇拜地跪着仰视，他的儿子双手撑膝，也跪得恭谨严肃。这一幕深深地印在笔者的脑海里。

与之相佐证的是另外一位来自英国的企业家，他是教授老板在英国授课时的学生，亦深深为其学问所打动，每年都无偿拨出一部分资金来支援他的文化事业。这次趁着来中国的机会，他亦来拜访教授老板，充当翻译的是笔者的直属领导。然而值得玩味的是，领导的兼职翻译工作不是那么尽职，她将那位名叫安德鲁的热心于文化事业的外籍友好人士的话只挑拣着来翻译。偏偏大圆饭桌上，因为语言交流的关系（教授老板不会英语），安德鲁的健谈首次盖过了教授老板的健谈。笔者越听越忍不住想笑，原来安德鲁一直都在提问，甚至很尖锐地提出了一个中国人根本就不会提的问题：他说，教授你的学问和知识已经足够做一番大事业，而且人的时间都是有限的，可是你每天却是用来见这样那样乱七八糟的人（他的原话是these guys those guys），你还有什么时间和精力开展你的事业呢？这些话，充当兼职翻译的领导自然没有翻译。于是教授领导也是一副八风吹不动的高人神情避而不谈。

笔者当年只是觉得新奇好玩，虽隐隐觉得日本人、英国人的行为和话语还有更深一层的意思，却终究不能透视。再有就是那时的笔者仍然还是教授老板的坚定崇拜者，不愿意深思这样的"搞文化"背后的真相。十年过去了，笔者依然混迹在这个圈子，见过大大小小各形各色的"搞文化"的人，也走出了盲目崇拜权威的青涩时代，如今更得着了心理分析的工具，终于可以细细地将记忆深处的这些往事翻出来做一番整理和疏导的工作。前几天才刚倒台的"大师"王林，更是令我将最后一丝关于亵渎大师教授的顾虑丢掉，可以更理性客观地直视当年的那段经历。

那古色古香的办公室，线装书成排，金石古玩满满当当的古董架子，罗汉群像、菩萨、佛、达摩祖师真人高的红豆杉根雕，脸盆大小的笔洗，悬挂着十几种大中小型号的毛笔的笔架，装裱得华丽的书画条幅，这些摆设一直都是一种造势，是以传统文化为主题的奢华造势。因为是拜访和求教，那些名人、富人、权贵就算原本心里还有些半信半疑，但来到这样一种奢华复古的环境里，也会立刻肃然起敬，看教授老板也觉得他头顶佛光似的。既然从原本的双方平等对话地位降到了请教和聆听教诲的角色，那就将话题的主动权完全送给了教授老板，思维也就跟着对方走了。此时，教授老板口中的那些荣誉和传奇经历就隐形之中推动了"造神"运动。往往此时，那些访客，无论是腰缠万贯的大富商，还是名动中外的艺术家都表现得十二万分的虔诚。此时趁热打铁，教授老板会玩上两手魔术，效果堪比国际大魔术师的经典大作，来人无不大吃一惊，将其奉为神人，恨不

中国文化之龙图腾形象

得立刻行拜师礼，拜倒其门下追随其左右才好。十年前，笔者也是这种文化大师的狂热崇拜者之一；十年后，王林"大师"的倒台，让这些换汤不换药的伎俩曝露在日光之下。"大师们"倒了，但这些"造神"的手段仍然存在，尤其是在以搞文化为名的圈子里，泛滥成灾。

分析这些，只为了让偶尔读到这篇文章的朋友们，有一个清醒理性的认识，不要沦为了有着阶层目的的舆论导向的群心理奴隶，也不要被别有用心的"造神大师们"迷惑了心眼。基于这个层面上的意义，读懂他人的心理暗示，是一个相当严肃的问题，笔者做了一个粗略的调查，发现我们这个民族实在是一个容易受蛊惑被煽动至热血冲动，受群心理盲目性操控的民族，"造神"运动，从古至今，犹如海潮一般，一波又一波"生生不息"，屡禁不止。这与我们的文化中缺乏怀疑和敢于怀疑的精神有密切的关系。

胡适先生说："我要教人一个思想学问的方法，我要教人疑而后信，考而后信，有充分证据而后信。"倘若我们人人心中存了这样一个方法，再去用耳朵听别人的话，用眼睛去"读"对方的表情、肢体语言，那么我们也就能成为那少数的不受惑的人了。

笔者当年虽然也有崇拜，但因为仍然存了一个求证的考量，多多地用耳朵听，用心眼去看，虽然当时不能得着明确的结论，但随着疑问的加深，那种神化的崇拜也就被打破了。时日一久，笔者甚至进行了一次小小的试探：有一日，笔者问教授老板，这些权贵名人都敬重您，但他们真的会为您出力做事大开方便之门吗？教授老板理直气壮地说："他们敢不听我的话？我叫他们现在来，他们立刻就出现在我面前。"结果，教授老板一个电话打过去，那位传说中的大人物果然来了。只不过，在领导提出要大开方便之门办点事时，对方却玩起了太极推手。事情自然没有谈成，然而等来人离开后，教授老板却很自得地当着我们这群员工的面说："看见了没有，我让他来，他敢不来？"那时就算再不明白世故，也知道这不过是掩耳盗铃，自己往自己脸上贴金罢了。

听一个人说话，真的不是只听对方说了什么，还要听对方没有说出口的是什么。现在翻译那位大人物的心理：来一趟，给你个面子，无伤大雅地聊聊天自然可以；要办什么事，这其中的利害关系还不值得用这点交情来冒险。文化圈里的那帮子自称"搞文化"的人，最不缺的就是舌绽莲花，不要钱的许诺一个个地往外抛。老子说："夫轻诺必寡信。"有些话可以只是听听，但耳朵溜号了，心眼却不能封闭了，读懂对方的神态、肢体语言，就算不能立刻得出结论，潜意识里有了存疑的念头，也就不会轻易被人操控心理，牵着鼻子走了。

前面提到的日本人与英国人的表现是两个很有代表性的特例：因为历

史上文化同源，一些日本人对于中国的传统文化是抱有极其崇敬的信仰的，他们也深信在中华大地上可以寻到名师高人，也深信程门立雪、张良拾履式的虔诚态度才能获得名师的不吝赐教。我们可以笑他们中了古人的毒，但绝对不可以笑他们一心向学、敢于践行的诚心。英国人同样为神秘的东方文化所倾倒，但他们却不是盲目地信奉，安德鲁与教授老板之间虽是师生，却对他像朋友一般箴劝。他没有中国人的那么多弯弯绕绕，那些挣面子玩虚的做法，他也不听大师你说什么吹嘘什么（而且他也听不懂这些有什么好吹嘘的），他只问你做了什么。看，就是这样直接，你做了什么？你的行为已经为你做了最好的注解。只要读懂了你的行为，你心理最深层的想法也就无处藏形了。

>>> 第三节
认识自己，与最真实的自己对话

> 知人者智，自知者明，胜人者有力，自胜者强。
>
> ——老子

认识自己，一个为众人所熟知的哲学命题。

据说在德尔菲的阿波罗神庙前刻着三句箴言，"认识你自己"是其中最有名的一句。尼采说："我们无可避免跟自己保持陌生，我们不明白自己，我们搞不清楚自己，我们的永恒判词是：'离每个人最远的，就是他自己。'"西方的哲学家依旧是用实证科学的方式去求证，力求发现自己，其结果却是越是自己研究自己，就越会陷入迷糊，如尼采这样的天才，最终也只得一个未可知论的结论。然而就算是如此，人类中的智者有识之士也从未停止过认识自己的步伐。

对这个哲学命题的探索，不在于最终结论，而在于认识自己的过程。人是会变的，一成不变的脸谱型人物只存在于虚构的文学作品中。认识自己，认识的是某一阶段，某一境地下的自己。人们在做出"认识自己"这种行为时，是跳出这具躯壳，站在高空从一个观察者的角度来俯视自己。

罗丹雕塑《思想者》

由于意识的滞后性，恰如尼采所说的"离每个人最远"，就像跑得再快，人也无法逮到自己的影子一样。虽然有距离，但不妨碍我们来审视、自省——从心理学认知角度来看，我们努力地认识自己，亦是为了和最真实的自己对话。

与最真实的自己对话，说得容易，能做到这一点的人却是少之又少。人来到这个世界上，心灵是一张白纸。父母亲人是最早在上面留下印痕的人，随着渐渐长大，融入社会，社会大染缸更是肆意在这张白纸上泼墨写意。然而大多数人，包括他们的看护者，更容易被这些外来灌输的印痕所主宰，忽略了在被动刻录印痕之后，还有一个本我的隐形塑造。拜金、享乐、权欲、名利，一切以热闹喧哗、奢侈炫耀为标签的现象迷蒙了双眼，这个时候，从他们嘴里说出"认识自己"这样的话，只能说是鹦鹉学舌的一个套话，赶哲学时髦、玩时尚交际的一个流行语。他们认不清的恰恰是自己。这一类人的生活现状，可以成为尼采观点的最有力的注解。

我们的哲学则不然，其从始至终，是一个取象比类的过程。宇宙万物，人生百态，社会万象都能用"道"来一以贯之。在"认识自己"的哲学命题上，我们的祖先将其看做"修身"，当然，不仅仅是静坐沉思专注于对"我"这个两脚直立行走的物理人的研究。"天人合一"的理论里，无论何时何地，何人何事，都可以取象比类，反求诸己。如此一来，就将"认识自己"的工夫做到了极致。老子《道德经》中有一句话说得好，"知人者智，自知者明，胜人者有力，自胜者强"，我们从心理学的角度来解析这句话：能看透别人心理，了解这个人的性格的人是睿智的；能认识自己，时常自省与最真实的自己对话的人是明智的；能胜过别人担当大任的是有力量的强者；能战胜自我，克服己身一切惰性的人是心灵强大的。

历史上的智者伟人皆以能达到知人、自知、胜人、自胜的程度来划分。

但要做到这四项，难易程度各不相同，其中最需要持久努力和时刻警醒的便是达到"自知之明"——就算是强者、圣人，也难免有困惑迷茫不自知的时候。因此曾子才有"吾日三省吾身"的警语。

从漫长的历史来看，越是心灵强大、意志坚定的人，越是重视这个自省，深刻认识自己的修行。但自省和认识自己，光是端坐在那里凭空想是想不出来的，还需要一些参照物。尤其是君王等上位者，因为其社会地位的特殊性，他们要认识自己，所能借用的参照物的有效性更是大打折扣。因为环绕在君王等上位者身边形形色色的人，基于私心和种种目的，会以假面的姿态，制造一些假象。这些假象无一例外地将君王心中潜藏的唯我独尊的自我膨胀欲刺激到极致。再加上帝制时代里，帝王领袖等人出于神权天授的愚民统治的考虑，将帝王哄抬上神的地位，愚民的同时，皇室中人也自我催眠，自认高人一等，众生皆蝼蚁，将原本有血有肉的人生生拉拔成一个脚不沾地的虚幻的神。

这样一种境地下还谈什么"认识自己"？所以，我们毫不客气地说，专制帝制下，这些龙子龙孙都是一个个的心理隐疾患者，只因有着前人制定的帝王守则、龙子龙孙规范，这些人按部就班地实行，才勉强给世人呈现出正常人的状态。然而很大一部分人还是发疯了。看中国二十四史，不难发现，中国几千年的历史是专制统治下帝王将相家事变迁的历史，脓血覆盖，陈陈相因。人格的缺失，心理的隐疾如同不定时的炸弹，数千年来，民众就是被这样一群人统治着。偶尔有那么几位稍微清醒的，设置了一些直臣、谏臣的席位，好话奉承话听了耳朵起茧了，换口味听批评，也就让后人惊为明主圣王。

"以铜为鉴，可正衣冠；以古为鉴，可知兴替；以人为鉴，可明得失。"这是唐太宗在他的谏臣魏徵死后所说的话，从心理学的层面上分析，我们从这三句话里看到的其实是心理认知的三项参照物。帝王能做到以人为鉴固然是值得庆幸的，然而人却是复杂多变的，认识自己却要以别人做镜子，焉知这个人与自己交往时不是带着他的目的，想要故意引导你往他的路子上走呢？当我们与一个正常清醒的人对话时，千万不要以为他所说的每一句话，所做的每一个动作都是没有目的的，是毫无疑义的。而且已经确证的是，对方的语言具有极大的欺骗性。所以当行为心理学应用到律法中去时，除了讯问，还有一个肢体语言和神态表情的分析。

如西方的嫌疑人接受讯问时，一名警官在室内对其进行讯问，审讯室外，还有几名懂心理学的人员通过监控录像或是单面可视玻璃来观察嫌疑人的一举一动。嫌疑人的每一个看似无意识的动作，其实都是他们最真实的心理语言的流露。经过特训的特工会有意识地控制这些行为，但他们却无法控制身体的本能生理反应：如感到震惊或警惕时的瞳孔收缩。美国的 FBI 特工就曾经利用这个现象破获了一起间谍案。他们抓住了敌国特工，要找出对方的上线接头人，但这名特工受过极为严苛的反询问训练，将自己收敛得很好，探员们很难从其讯问和肢体语言中找出突破口。此时一位心理学家建议，将一些嫌疑人的照片逐张在他面前展示，然后摄像头紧紧锁定对方的双眼。果然，当其中一个人的照片呈现时，那名间谍的瞳孔蓦然紧缩，根据这一线索，FBI 特工们深入挖掘，果然发现那个人正是他们要找的隐藏极深的上线接头人。

这些例子足以告诉我们要认识自己有多么的不容易，但也给我们提供了几条明确的指导。认识自己以他人为镜子，不仅要听他怎么说，还要看他什么表情，注意观察他的肢体语言。

我是一个什么样的人呢？我受人欢迎还是被人厌恶？我受人尊敬还是被人鄙弃？是什么驱使我做这件事？后果如何？想要弄明白这些问题，除了静夜深思以外，还要看周围的人的表现。有些人因为亲情的爱护偏袒，有些人因为礼貌的谦让，有些人因为事不关己的冷漠，有些人因为恶趣味的看戏心理，这些人所表现出来的对你的印象，都不是真正的你。故而，我们在认识自己之前，还需做一个认识他人的工夫——破解他人的心理，直指他们言行的根本目的，做到了这一条，我们才能理智地运用大脑，做去粗存精，去伪存真的心理分析，找出真正有益于我们认识自己的参照物，得出实际有效的结论。

认识自己，所求的是一个自我认知、自省的功夫；与最真实的自己对话，则是一个意识层面的提升，对未来生活的自我规划。哲学里通常说的是认识来源于实践，又反过来指导实践。这后一步的对话行为，恰恰就是一个指导实践的动作。唯有做到了这后一步，我们前面所探讨的问题才有意义。世界上不缺那些偶尔也能被智慧之光垂青的人，他们也能知道自己的优势和劣势，然而这些人中的大多数却依然会庸庸碌碌地过一生，而且这些人还就是被大多数人认为的聪明人，或者说是智商很高的人。即使这样，也改变不了他们和浑浑噩噩的人一样的平庸命运。

这又有什么缘故呢？原来他们也仅仅停留在"认识"上，说说而已，跟人聊天时发发牢骚而已，叹自己怀才不遇，头天晚上借酒浇愁，第二天醒来依然和从前一样地过生活，从不想做一些改变。在心理上，他们是懦夫，从来都是远远地看一看真实的自己，却不敢走近去面对。别看着跨过去的一步不大，有些人终其一生都跨不过去，始终活在自己编织的虚幻谎言里自欺欺人。

笔者在西方哲人传承了数千年的箴言后加了一句，"与最真实的自己对话"，却又不敢花费太多的笔墨去展开，实在因为做到这一点需要长期的战斗和坚持，稍有外来诱惑都不能做到"道心坚守"，笔者不能大言不惭，自己还无法做到的事情，还要摆出过来人姿态教导大家如何如何，这是一个永恒的话题，探讨它，就像一百个人去读莎士比亚，就有一百个哈姆雷特。笔者只能说，在人生漫漫路上，让我们一起来认识自己，时时警醒，与最真实的自己对话吧。

>>> 第四节
不做传统、习惯、社会群体影响下的奴隶

丧失了独立思考的人，与蚂蚁、蜜蜂等具有社会性的昆虫没有什么两样。

环境在人的一生中真的是个很可怕的影响因素。从前对古人说的"读万卷书，行万里路"，还是有些不以为然的，总以为那只是古人限于地域、交通工具、信息量的限制，不得不用人生的十年、乃至几十年的时间走遍万水千山，去证悟心中大道。现代人则不然，且不说我们的轨道交通、飞机轮船，可以日行千里、万里，一日走遍古人需要几个月，乃至一两年的路程；利用网络，我们足以获得海量的各类信息，古今中外的政治、经济、军事、艺术、科技皆可轻松知晓。难怪身为现代人的我们会有如此优越感了。文学领域里十年前由港台南风北渐，掀起一场"穿越时空"的飓风，历经十年非但不曾势衰，反而仍有愈演愈烈，成为文学主流的趋势（尽管包括70后在内的前辈不承认这一现实），除了80、90、00后的三代人自我意识的觉醒，希望有更多的参与机会与自我展现舞台的社会心理因素以外，另外一个不容忽视的原因就是现代人在对比工业革命以前的人类文明时所获得的普遍优越感在影响着人们。

讽刺漫画：御宅族的疯狂

　　可惜，笔者不得不说，现代人这种不可思议的优越感，实在是太过于浅薄、浮于表面。御宅族们窝在方寸天地间的小屋里"家里蹲"，不修边幅，方便面果腹，对着电脑大练"鼠标手"，没有自然的感悟，没有现实的人生思考，甚至没有新鲜的空气，就算有海量的信息可供他们查阅又能怎样？"宅"已经成了他们的生活方式，游戏已经成为了他们这种"宅"群的主体。由此导致男女屌丝的盛产。据说御宅屌丝是我们中国的特产。

　　倘若网络冲浪、网络游戏算是一种精神生活，笔者只能不怕引起众怒地说，这是一种社会昆虫的从属性生活，其从属的无非是网页、游戏最初的游戏设计者的意愿。他们是规则的制定者，后来人乐此不疲地在这些划定的圈子里兜兜转转，以获得他们所认为的精神愉悦。而完全不管他们的身体在长时间的封闭空间里，饮食的随意粗糙、单一的坐姿、躺姿，身体未老先衰、肌肉松弛、心肺功能减弱，样子矬到不能再矬[9]。由此形成恶性循环，御宅屌丝们更不愿意出门面对现实，更喜欢宅在电脑前。

　　从前对这一现象，笔者亦没有过多关注。直到一个月前，去了一趟北京水立方的嬉水乐园，中外游客欢聚在一起，这里是泳装戏水的乐园。中外男女身体状况的典型对比，让笔者深为叹息，相信稍肯动脑思考的人都能看到二者之间鲜明的对比：中国成年人无论男女，90% 的都是一身的松弛赘肉——偶有瘦子，或干瘦如竹，或病态的瘦骨嶙峋；反观外国人，甚至还不是英美发达国家的人，譬如笔者意外认识的几名埃及人，都是一身健硕的肌肉，充满着健美的清新活力：水立方里各种危险刺激的游戏，他们玩了一次又一次，乐此不疲。见到这样的他们，没有谁会怀疑，在现实生活中，他们也绝对是积极进取、勇于挑战的强者。看到后来，我心有戚

---

[9]　各地方言里形容糟糕颓丧的人为 cuó，此处借用表示"身材矮、丑陋"的"矬"字来代指方言里这一特定指称，算是较为贴近的。

戚焉：如果不去泳装集中地，我们永远不会警醒"御宅"生活方式的"毁人不倦"。80、90、00后三代是我们这个国家的中坚层、新生层、希望层，如果还是这种"白斩鸡""发泡面包"似的身体，以"御宅屌丝"的生活方式成长起来的一代，我们的国家还能指望他们去与世界他国竞争？

每一种共同习惯的养成，所产生的社会群体影响的巨大威力，其最初只是因为某一小撮特立独行的人的明星示范。基于人类，尤其是我们中国人国民性当中的尤为突出的盲从性，和三十年来社会主流的功利性，人的潜意识当中的短暂趋利思想占据了上风。相比较于走出家门融入社会，接受各种挑战，"御宅族"只是坐在家里，拿着鼠标，戴上各种面具，如幽灵一般游走于网络世界，获得虚拟的名望、爱情、成功的精神享受，这样的方式对他（她）们更具有诱惑力，而且成本更为低廉。有人做出了示范，跟从者亦尝到了当即兑现的甜头，于是一发不可收拾，御宅屌丝迅速成为中国青年、青少年一代的代名词。幸或者不幸？眼前尚还看不出来，沉浸于其中的人也不愿意费脑力去想这个问题。他们实在是太忙了。然而不管他们有没有意识到，御宅屌丝却已经成为了"奴隶"，这是不争的事实。

何谓奴隶？没有自由，不允许思考或不会思考，也不需要为自己的行为负责——因为他们与主人的生产工具铁犁、锄头等没什么两样。这些特征，御宅屌丝们身上都能找到。唯一例外的是，奴役他们的并不是与他们同样的人类，而是无形中的习惯、社会群体影响力。他们任凭这二者将自己禁锢在狭小的方寸天地间，网上冲浪、游戏、灌水跟帖转帖，这些活动让他们忙得团团转，上厕所都得用跑的——用无线路由器的，干脆端着笔记本去蹲坑——独立思考早就与他们绝缘了，光是应付这些信息，在游戏规则里钻牛角尖还来不及，哪里还会去思考"我是谁？从哪里来？要到哪里去？"这样在他们看起来纯属浪费时间的话题？

网络是虚拟的，他们在游戏中杀人，在灌水帖中狂骂狂喷口水，不用为自己的行为负责，也不用受到道德的谴责。所有奴隶们该具备的特征都具备了，借用胡适先生当年的一句话：自由平等的国家不是一群奴隶可以建立起来的。如今我们照样要说富国强国之梦，这群御宅屌丝们大约是指望不上的。

不服气？要举出御宅们有许多的黑客高手、游戏设计天才、网络推手策划家？笔者不否认这三类人才其工作投入的方式跟御宅屌丝们有相似性，然而千万不要忘记了，这其中有一个最根本的区别：笔者所说的御宅屌丝们，他们早已自我放逐，也放弃了人作为高等智慧生物的特权——善用大脑、独立思考。他们与社会性昆虫蜂群、蚁群当中的工蜂、工蚁的角色，小小的区别只在于工蜂工蚁因为它们整个群的社会分工，劳动、采集食物成了他们全部的活动，并且劳动的成果几乎全部是奉养群体中其他同伴，自己只摄取维持生存的极小部分。而御宅屌丝们大多数人对社会群的贡献极小。如果将整个社会比喻成一个有机体的人形，御宅屌丝们就是四肢的末端，处在离大脑最远的位置，思考与他们绝缘。缺乏了理智的大脑，其心理结构及规律也就极其简单，有迹可循。他们的言行早就是程序设定好了的，所有生命活动简化到最低的程度，只为了腾出最多的时间来进行他们所认为的获得极大心理愉悦的网络活动。这种心态下所产生的依赖性不亚于毒品心理依赖。相较于他们，黑客高手、游戏设计者、网络推手策划者，且不论他们行为的正义与否，他们却是聪明地运用大脑来理智分析网络现象和网民心理的一批人，是主导者，是社会有机体中的智脑组成。这个时候，哪怕他们也"宅"，但内在性质已经发生了根本变异。

至于说到成为"传统"的奴隶，实在是有点悲哀，如果不是离开了出生地去外地求学，如果不是固执地要单凭个人能力自己去闯，"飘"在北京，笔者可能仍然还是"传统"的奴隶中的一员，就算要觉醒，可能还要等到四十不惑甚至五十知天命的年纪。人的心理架构的形成，如《戴尼提》中所说，儿时的心理印痕会终生影响着其言行，直到清新行动的到来。少年时期，笔者最害怕最心痛的不是犯错时来自父母的责打，而是母亲以怒不可遏的神态，跺着脚，失望透顶地指着笔者，斥道："介门了个走出去，侬儿个要惮我。"这话是方言谐音，翻译过来是：这样子走出去，将来人人都要骂我，戳我的脊梁骨。笔者不明白，笔者小小年纪犯了何等天怒人怨的罪，竟要连累母亲也上耻辱柱，受千夫所指？只要一想想这严重的后果，笔者就终日惶惶然，自卑懊悔得无以复加，及至成年心理阴影依然挥之不去。事实上所有的一切，只不过缘于八九岁的孩子淘气了些、好动了些、好奇心更强了些，与大人们传统要求的乖孩子差别大了些，便有了母亲那样一些责骂。等再大些，母亲一如既往地这样训斥，话里还带着另外一层意思：你这样的嫁了人，人家婆婆还不骂死我？说我不会教闺女，没得家教？笔者的愤恨耻辱更进一层，那时还是青葱少女，可是母亲这样的责骂，却是出于传统里"女儿终究是外人，终究要受婆婆管教"的观念。只因为母亲认为笔者这样的不能成为贤惠孝顺听话的媳妇，她就跺脚歇斯底里地大骂，恨不得要按照她的要求，将女儿好好地改造一番，走出家门人人夸，绝不行差踏错一步才算完美！

等到笔者也有了自己的家庭，也做了母亲，笔者不怪母亲了。她没有错，生活在封建思想残留依然严重的小城市郊区，她对子女的教育和要求都是源自于传统习俗和伦理道德的规范。她爱子女的心与别的母亲没什么两样，可是传统习俗在她看来是不可逾越的大山，终其一生她没有反抗过，反过来，也要求自己的女儿不能反抗：做一个乖乖的，听话的，孝顺的，贞静的好女孩。这是她对女儿的全部寄望。她最大的恐惧来自于别人的指点和笑话，始终以"立身正，别人无可指摘"作为其最高的道德标准。然而十分讽刺的是，等到笔者长大，有机会听到村人背后的闲言时才晓得母亲的这番心愿始终要落空了。仍然是有许多的"别人"暗地里嘲笑着母亲，说她好面子拿腔拿调什么的。笔者将这些听来的话告诉母亲，母亲那一刻心如死灰的表情令笔者深深不能忘怀——她变得更加自卑和胆怯，始终认为是自己做得不够好才引来非议的。母亲始终不能明白，她不是不够好，只是她一直放不下的传统，一直在乎的"别个儿人"（外人，其余的人）奴役着她，她不明白人性本恶，传统在狡猾的人眼中，也只是利用的工具，可以用来毫无道德负疚感地伤害别人，直到那个人与他们一样或者看起来比他们更糟糕。只有这样，他们才会获得病态的心理优越感。

多年以后，我从事文化行业接触得最多的就是"传统"二字，不可否认，传统文化中有令我们继承和保持的东西，但出于"愚民"目的的礼教就免了吧。若不然，我们稍有踟蹰，它就死灰复燃想要再次奴役我们，甚至是我们的下一代。

>>> 第五节
用心理破译法来解读社会普遍价值观

> 社会普遍价值观，其实质是一个价值等级序列。

不管我们承不承认，活在这个世界上，作为个体的人，始终是要纳入社会普遍价值观的序列等级中去的。从前的人将这种序列等级称之为阶级壁垒，现在的人换了说法，称之为"圈子"。怎么形容呢？譬如说文人们极为赞赏，极有艺术感染力的"黛玉葬花"场景，换个为生计奔波，吃了上顿还得为下顿发愁的人来看，他们不跌足大骂这是吃饱撑的，闲着慌，应该拉着这帮文人去田地里锄个三五亩地，去大日头底下扛几袋沙包，看他们还能在那里哀哀凄凄地吟"侬今葬花人笑痴，他年葬侬知是谁"么？这就是价值的等级差观念，客观点说，这个等级差在心理上是极难跨越的，若真有越级，也是需要经年累月的生活累积才发生质变。若是一下子跨度过大，或者心理上长时期不适应现实中的自己所处价值的等级序列，那就很容易产生心理扭曲，这时他（她）身边的人就遭殃了。

前段时间，笔者的一位朋友心情极度抑郁，愤懑无奈之余找到笔者倾诉，笔者也第一次尝试帮别人剖析职场中人搞办公室政治的心理动因。没想到效果倒是意外的好。事情是这样的：朋友供职于一家上市公司，她的上级是一位凡事追求完美型的女强人，她抱怨员工们死气沉沉，不够活跃，业余间也没有什么话题，出差也没有凝聚力，一下班就各干各的。朋友原本是一个很热心肠的人，且又超级喜欢娱乐影评，听领导这么一说，业余时间也就找一些娱乐影视方面的话题活跃气氛，众人也有所应和，就在气氛和乐融融时，那位上司却冒出了一句："你平日里就关心这些个东西啊？"朋友哑然，以后也不肯再自己找话题聊什么了。

女上司的得力干将是两个鞍前马后的男同事，相应的，朋友做的项目报告，还得再绕一圈经过"干将"们审核后才能到达上司之手。于是"干

漫画职场人物

将"们大言不惭地拿着朋友的劳动成果跟领导汇报时说："经过我这一段时间的努力，这个报告如何如何……"毫不脸红地将别人劳动成果窃为己有，女上司睁一只眼闭一只眼，对"心腹爱将"赞许有加。

最惨兮兮的是最近一次部门会议上，女上司因为中途接了一个电话，是因为她工作上的一个疏忽给公司造成了损失受到上峰训斥，悲催的是部门会议里朋友的发言恰在上司被集团领导电话训斥后，于是她被"炮灰"了。更悲催的是，当她下定决心知耻而后勇认真听取其他同事的发言，并在另一位同事发言之后，点头赞道："工作做得很细致呢"，这一下又引爆了火山，女上司含沙射影、指桑骂槐，以"某些人"开头，铺天盖地的责骂倾泻如注，当着整个部门同事的面，朋友的里子面子被抹杀得一干二净。想起任职以来的委屈，朋友对笔者倾诉的时候，憋屈得眼圈儿都红了。

笔者将朋友的倾诉做了一番整理分析，很清楚地就得出一个结论：这位女上司的心理认知与现实中社会的普遍价值等级排序产生了落差。或者说她想当然地进行了价值等级的外延扩展，当她发现现实与她想象的完全不一致时，她以极端的方式进行了发泄。在事业方面，她是一家上市企业的中层领导者，高档轿车，繁华地段的房子，出差所受到的接待犹如钦差大臣驾临（审计分公司财务状况）。这一切的表象让她坚定不移地相信自己是有产阶级成功者。然而从她抱怨员工们死气沉沉，没有话题，出差没有凝聚力来看，她心理又十分脆弱，渴望得到关注，所谓的没有话题，只是她抱怨她自己没有成为大家关注的焦点和话题；所谓的没有凝聚力，只是她的生活重心不稳，工作成了她一切，孩子上了全托，假日是各种各样的才艺班，特训班；与丈夫聚少离多，中年夫妻生活冷淡，于是下班以后，她立刻就从先前自我感觉良好的高阶等级认知跌落至谷底，惶恐不安和逃避是她最真实的情绪反应。她害怕工作以外的时间，如溺水的人不放弃任何一根稻草一般地寻求与人群靠近、驱赶恐惧获得心理安慰的机会，但工作毕竟是工作，工作上的上下级从属关系，平时是不能带到生活中来的。唯一的例外是出差。出差是要带团队的，这时候她就有理由要求大家 24 小时都要保持紧密联系，工作时间就不说了，深夜回到下榻酒店后，也要将大家聚集在一起，若有人露出丝毫不情愿，那就准备着迎接她喋喋不休的抱怨和指责吧！

至于纵容得力干将窃取他人劳动成果，则是权力欲膨胀的表现：她是部门的老大，她的权威不容质疑，所以就算明知"干将"们有虚报，但这正是显示她的权威的时候，所谓"顺我者昌"，拿人来立威是必要的。然而部门会议上，她被比她所在的价值序列更高一级的领导训斥了，当着下属的面，她原来从价值等级上依靠凌驾于下属之上来获得的心理优势被瞬间瓦解，在这种状况下，为了获得心理求存，她第一反应是往死里踩更低一级价值序列里的员工，从而再次维系她高等级价值序列的自我优越感。一招见效，乘胜追击，朋友被"炮灰"后，打算好好表现以博得领导认可，她赞扬同事的话，又刺激到了她跃跃欲试决定再接再厉的心理优势建立大业：这是明显地挑战她作为领导者的特权啊！你一个员工，抢领导的话语权干什么？他们讲得再好，要你来发话表扬？于是，无比"杯具"地，朋友就成为女上司重新构建心理优势，维护价值序列的垫脚石。

说句狠心的话，朋友被"炮灰"得一点都不冤枉。她不明白社会普遍价值排序中人们对于维持自身价值等级的心理的迫切性、果决性，这个时候谁若撞枪口上了，那真是"遇佛杀佛，遇神杀神"。女上司的心理动机里有一处十分顽固的三角结构："我是一位领导，权威不容挑战；我这样的成功，应该是大家关注的焦点；我这样有能力有魄力，又怎么会犯错？错的一定是别人。"有了这样三条心理定律，女上司的一切所作所为在我们面前都透明化了。笔者也没有跟朋友支什么招，分析到最后，她接连想起了更多从前觉得不可思议的事情，如今用这样的心理分析法来分析，居然一切都有了解释。这令她诧异的同时，对于未来的路也更加清晰透彻了。先前的沮丧委屈一扫而空，信心满满的状态又回来了。

心理破译法，这个名词说起来有些唬人，然而舍此以外，再也没有哪个词能比它更能精确地表达在人与人交往中，破译他人心理所能起到反转战局的关键性作用了。人与人之间，尤其是处于社会关系中，彼此心理优势的拉锯式较量，其制胜的关键就在于谁先破译对方的心理规律，谁就获得接下来的主动权。人心多欲，人心又极为善变，这么一探究下来，似乎人心也难以捉摸了。实则不然，现在我们有了一个绝佳的突破口——社会普遍价值观。天下熙熙皆为利来，天下攘攘皆为利往，利益终究是一个笼统的概念，这是摆在台面上的，大家都看得清清楚楚，心知肚明。藏到桌面底下的就是这个社会普遍价值排序下，人们强烈的维护心、进阶心。谁能透视看出桌面底下的秘密，谁才是最后的赢家。

为什么商务往来时，有的人名片上的头衔一大串；为什么"砖家"、明星们走穴捞金都能成为产业？因为那一大串的头衔代表了社会价值观当中的高阶排序，"砖家"、明星们的脸孔则成为社会普遍价值排序中高阶序列的符号。人往高处走，低阶序列的人羡慕高阶序列的人，高阶序列的人自得于自身所处的序列，除非作秀的必要，否则绝不会俯就低阶序列的人。由此催生了社会的普遍价值观等级序列的稳定结构。

社会上充斥的那些跨"圈子"结交的论调，听听尚可，它们赚足了噱头，倘若真的有人听信了那些作者的话跨越价值等级排序去结交的话，最终的结果只能形容为三个字——伤不起！这一点，我们在后面有详细的章节论述。

我们并非说社会普遍价值等级序列是一成不变的，等级序列之间也有缓缓地移动，相应着人的心理结构也在适应着价值序列间的调整，但这绝对不是外观上的"鲤鱼跳龙门，老鸹变凤凰"式的光鲜亮丽。在心理上进行价值序列的级别调整，是一个极为艰难且进展缓慢的过程，其难易程度随着人的生理年龄的增加成正向递增。

俗话说的"由俭入奢易，由奢入俭难"，这句话就是讲人的心理在社会普遍价值等级排序之间的变化之艰难。俭朴与奢侈，代表着高低两端价值序列的人的生活方式。从低位到高位，心理结构上吻合了价值排序的进阶性，就算从来不曾奢侈，此时有了奢侈的条件，在进阶性的刺激下，人也能适应奢侈的生活。经过一段时间的巩固，这段时间所带来的奢侈享受绝对要覆盖俭朴生活所留下来的印痕。这时，心理上的价值进阶才算完成。而这种适应和进阶恰恰是看不见的，因为从外观上看，这个人暴富后，大发达后，似乎一下子在物质上豪奢起来，谁也没想过去探查他的心理。暴发户的外表下，其实还是那个曾经窘迫自卑的心。

"由奢入俭难"就更好理解了，少了外在物质条件的支持，没有了一个平稳过渡期，心理上的价值序列怎么也无法顺利回落，这个时候心理与现实就有了很明显的落差，全都表现在行动上了。说到底，还是价值等级序列之间的调整少了一个缓冲期，才造成了判断失误，让个人行为失据。

>>> 第六节
心理生存不容忽视性别影响

> 性别意识的苏醒是从自然人过渡到社会人的界碑。

性别意识是哲学三大命题里"我是谁？"的一项最基础的内容。人从诞生之日起，如一张空白磁盘，随着年龄的增长，逐渐刻录上各种信息。这其中一开始就要留下印痕的就是自我性别意识。

一个人在幼儿时期，特别是在与同龄人更多接触的幼儿园时期，几乎是突然间有了自我性别的具象认知。值得注意的是，这种具象认知却还没有形成系统全面的认识，直到第二次发育时男女性征的凸显，才将性别差异的认知补充完整。与此同时，这种性别意识也深深地影响了男女的行为和思维模式。譬如，当有了自我性别意识之后，身边的人当中，最亲近的父母的示范就成了最早的男女角色范例。正向方面：男孩子从父亲身上看到了勇敢、大气、坚强，是力量的象征；女孩子从母亲身上看到了慈爱、细心、体贴、包容、坚韧，是爱与包容的诠释。成长过程中，这种父母的示范作用对于男孩女孩自我性别定位的塑造起到了"筑基"的作用，"戴尼提"里所提及的清新者，他们所追溯的往往就是这一"筑基"时期的印痕，只因为在成长过程中，这些成长期间的记忆渐渐会被归档到潜意识中去，但未来仍然会对人们的生活产生重大影响。

　　"我是谁？"

　　我是一个人，一个男人（女人），

　　一个活泼的、内向的、聪明的、笨拙的……的男人（女人）。

　　人的一生，在意识层面里，对这一问题的自问自答一直都在进行着，因为没有了这个前提，所有将要进行的言行将因失去自我参照物而毫无疑义。禅宗里有一段公案：有一个人想要干一番事业，邻居找上了他，说："你给我一笔钱财，我帮你做生意去。"那人大喜，痛快地给了邻居一笔钱。一年后，邻居回来对他说，"你的生意赚了很多钱，我帮你买了很多田地，还有一栋大宅子。只是要想生意做大，还需要更多的钱。"那人很高兴，又追加了一大笔钱让邻居继续。又过了一些日子，邻居回来告诉他，"生意不错，我还帮你娶了一房漂亮的媳妇，还怀孕了呢。"这人更开心了。过了不久，邻居回来很惋惜地说"今年运气不好，钱都赔光了，房产田地也赔进去了。你媳妇难产死了。"这个人悲伤难抑，一蹶不振。

　　禅宗里所讲的这段公案，原意是要说人生色相意识皆如虚幻泡影，当不得一个"执"字。我们从心理学的角度来看这段公案，只能说这个大喜大悲的人，却是一个自我意识混乱的人，因为自我意识混乱，深层次的还有一种性别意识的混乱，使得他在与人交往时，失去了明确的参照物，才会产生这种自身并不参与，却觉得那财富，那媳妇和孩子是和自己有关的错觉。

　　正常的人，当他（她）清醒的时候，这种对自我的认知始终作为他（她）

鲁本斯的油画《劫夺留西帕斯的女儿》，取材自希腊神话，描绘的是宙斯神之孪生子卡斯托耳与波吕刻斯，将迈锡尼王留西帕斯的两个孪生女儿抢走的瞬间。画面整体展现了一种英雄浪漫主义，凸显了男性力的美与女性的丰腴健美

参与社会的隐形前提。这个过程完全是在潜意识领域里完成，他（她）的言行和思维根本就不会觉察到这个自我认知，尤其是自我性别的认知一直在起着重要的作用。譬如，英语里有一个词形容女性善于运用自己的性别优势来获取权益，称之为 pussy power，特别是社会审美公认的美女，她们如果懂得善用这项权力，效果是出奇的好。看过《西西里岛的美丽传说》这部影片的人，相信不会忘记这样的两个场景：

其一，身穿白色短裙的莫妮卡·贝鲁奇穿着高跟鞋走在河堤上，稍远一点的地方，西西里岛上的少年们坐成排，用痴迷向往的眼神注视着她，待她走过后，又分散开来骑着单车飞快地穿行于这座城市的巷道里，只为在下一个路口可以等候美丽女郎的经过。

其二，一身黑裙黑帽齐耳短发的莫妮卡，踏着高跟鞋万种风情地走向一群聚集在一起的男人，在中间一张提前空出的椅子上落座，优雅交叠起长腿，从手袋里拿出一支烟叼在艳丽的红唇之间，还没等她继续动作，周围唰的一声，二三十个男人拿出了自己的打火机，纷纷引燃，递到了她身边。莫妮卡怔愣了半晌，最后随意地在最近的一簇火苗上点上了香烟。剩余的那些擎着打火机的手才不甘心地缓缓收回。

当然，这部影片里的女主角是一个悲剧角色，导演想要揭示的也是一个社会伦理道德的深刻主题。我们这里要讨论的却是导演巧妙的构思和拍摄角度给我们揭示了女性的性别影响力：一个美丽且充满魅惑的女人，她使男人为之痴迷而疯狂，女人为之嫉妒而疯狂。她本人却没有自我保护的能力，在那个动乱的年代里，人的心底里潜藏的暴力因子因此受环境的催化而彻底释放，这个美丽而柔弱的女人最终难逃悲剧命运。

我们这本书的一个基本论调，就是人的生存，实际上是获得心理的生存。当一个人选择自杀、自闭，精神崩溃、自暴自弃了，他（她）的心理状态是：我不玩了，心死了，什么都与我不相干了。俗话里所说的"哀莫大于心死"，这个"心死"也即是指心理生存状态达到了冰点以下。莫妮卡·贝鲁奇所饰演的玛莲娜的角色，她的性别影响力是她悲剧命运的主因。然而因为她脆弱的心理生存能力，让她无法驾驭这强大的性别影响力，最后只能随着时代的狂潮随波逐流，受尽苦难。她没有从这强大的性别影响力中获得权益，于是她自我放逐了，成为了小镇女人们的公敌。多年以后，当她和丈夫一起回到西西里岛时，她美丽不再，和大多数中年妇女一样，性别影响力荡然无存，此时，曾经嫉妒如狂并狠狠伤害过她的那些妇人们，反而友好起来，并对她说了"早安"。她也回了一句"早安"，融洽的氛围里，一切都轻松起来。玛莲娜屈服于世俗，彻底抹杀了自己的性别影响力，由此换得了她"泯然于众人矣"的生存权利。但可以想见的是，她的心理由此刻上深深的印痕：女性的美丽是痛苦之源。

来到世间，我们无法决定自己的性别，正如我们无法选择自己的父母一样。新石器时代后期父系社会的确立，男权统治占据了几千年的历史。女性需要在以后的成长过程中，小心地培养和训练，才能审时度势地运用pussy power；男性却从出生那一刻起，从社会环境里就已经获得了男权的意识。他们不需要特别地去培养和训练，身边时时充斥着的就是对"男权"的强调。譬如，一个男人的行为让人不赞同时，旁边的人（无论男人还是女人），会极其鄙视地说："是不是个男人啊？跟个娘们儿似的。"说的人，不会觉察这是男权统治的烙印，可在人们的心理上却已经深深地留下了这条信息：男人注定要强过女人，优于女人的。这样的带有男权统治烙印的言行，社会中随处可见。代代相传，男性对于自己的性别优势和特权在心理认知上也就越来越巩固。在争女权的女性同胞们看来，这无疑是让人深恶痛绝，却又深感无奈和乏力的。

　　然而事物总是有其两面性，男人因为意识到自我性别在两性当中具有优势的同时，也给自己套上了一具枷锁：由于性别优势的鼓动，男人大多对自己抱有极强的心理预期。当这种心理预期与社会现实形成大反差时，就是考验男人心理生存能力的时刻到了。现代文明社会从接受教育、创事业上为男女提供了较为平等的机会。同时由于和平年代的到来，科技的高速发展，生产生活工具的机械自动化，男权统治的基石——男性体力的优势基本丧失。这时在时代快节奏和竞争压力下，女性的坚韧和细腻的特质远远占据了上风。于是学校教育里，优秀的女生的数量超过了男生；各行各业里，女性的表现也往往优于同期的男士。男权统治的土壤已经发生了异变，而一些男人心理上的性别优势却依然存在，二者之间的巨大逆差，使得当代社会一些男人的心理更加脆弱，再加上其男性性别认知里还有一些诸如"男儿有泪不轻弹""男儿膝下有黄金"之类的观点，这些心理上的隐忧被深深埋藏，伪装起来，蒙蔽了周围人。直到有一天，这种因为压抑而逐渐加深的隐忧十分严重地威胁到这些男人的心理生存时，人们才从其异样的言行中发现端倪。

　　近几年来所流行的"男色""伪娘""女汉子"等亚文化，是这种两性性别意识差异性缩小甚至错位现象的体现。男人越来越雌化，女人则越来越强势。前面提到男性心理性别优势与社会现实的逆差使男人生存状态面临着考验；女性也同样受着这种困境的考验，因为女性的强势和独立，她们与男性的结合，不再基于从前流传了几千年的"嫁汉嫁汉，穿衣吃饭""丈夫是妻子的天"的从属关系，但是在心理上，她们对男性的期望却仍然是：有力量、有担当、对妻子要爱护、呵护、照顾。随着她们自身修养和社会地位的提高，能与之对等，并符合她们心理预期的男人就越来越稀有，故而"剩女"群体由此诞生。毫不留情地说，"男色""伪娘""女汉子""剩女"是这个性别心理逆差时代的特产，不先理清这个问题，我们无法继续谈心理生存能力的训练。

第四章 ——— **04**

成也心理规律，败也心理规律

>>> 第一节
率性而为，玩得不好就是彻头彻尾的"杯具"

> 我们眼中所看到的象，从来只是冰山的10%，另外的90%要靠心灵眼去探索。

地球有 45 亿年的历史，人类从类人猿时算起，也只不过三四百万年，如果将地球年龄比作地球自转一周 24 小时的话，人类就是在午夜 11 点 45 分降生。这个初生的婴儿对于有无限空间、无限时间的宇宙来说，几乎是等同于微尘，大可忽略不计。然而又恰恰是这微尘似的人类，发展出了高等智慧的大脑，知识代代积累，文明代代相传，近三百年的成就更是前数千年的总和还要翻几倍。由此，我们得知,这条开启文明之光的智慧探险路，从来不是缓慢上升的圆滑曲线，而是于关键节点处阶梯跃进式地折线上升。究其根源，居然是在于人类认知世界、改造世界的思维方式的转变上。

300 年前的节点，即公元 17 世纪，恰是西方文艺复兴的鼎盛时期，人类精神领域里，"神治"让位于"人治"，人们开始重新探索自然、社会、人本身的奥秘；开始以一种崭新的、理智的、科学分析的眼光来自我认知。这一思维方式，或说在这一闪耀着理性光辉的世界观指导下，人类才有了

竹林七贤绣品

后来 300 年的足以傲视前人数千年文明的成就。

令我们叹惋的是，这一时期的东方诸国——原来牢据古典文明中心地位的中华文化圈，却仍然是一种感性的、轻小我、重大同（东方重要哲学观中的"天人合一"观）的世界观。就算在自我修养上，也有严苛的要求，但其根本目的却只是一个"克己复礼"；让人轻松且群众基础最广泛的，是在两千多年的历史中大受推崇的老庄之道，所求又是一个"超然物外"。反映在人们的生活观上，人们对率性而为、任侠好义、隐士狂生等生活状态表示欣羡和向往。老子留真经五千言，骑牛出函谷关隐入世间；庄子其人毕生亦是一部现实版《逍遥游》；晋代的竹林七贤、唐代诗仙李白等人，皆是率性而为、超然物外的典型代表。后人多欣羡这些逍遥如人间散仙似的人物，效仿者甚众。且，从人的本性上来说，放纵与约束相比，自然是放纵来得舒服，做起来容易。故，从古至今最不缺的就是这类人。而且这类人，古时叫做狂士，如今用舶来语"行为艺术家"

来表示似乎更恰当一些。

人类社会是一个由公认法则——道德伦理和强制性约束规则——法律法规来共同维系起来的一个有机体。当一些人突兀出来，打破规则，言行亦不受束缚时，自然会引起公众注意。然而更多的人看到的和模仿的只是这种违规和哗众取宠的外在言行，却甚少能看透"是真名士自风流"的内在底蕴。他们不懂没有广博的知识涉猎，没有思想境界的深刻颖悟，没有对宇宙、人生、自我的细致思考，这些外在的狂态和率性，最终只能流于肤浅鄙薄，成为赚取眼球效应的噱头。尤其是在当今社会，这样一个物质享受极大丰富的时代，人们所受到的各种各样的诱惑更是空前，这样情境下的"率性而为"，玩得不好，就是个彻头彻尾的"杯具"。

率性容易，易如脱缰的野马，轰隆隆狂奔一气，哪里管四周狼藉一片，是不是损坏了他人的利益？笔者的故乡有句俗语"为人不自在，自在不为人"，大约这种"不自在"，我们一生都在与之抗争，故而，能有一种率性不受约束的"自在"状态就十分难能可贵了。原本这种抗争相持经过几十年的洗练，在我们的心理上足以达到一种平衡稳重的境界。我们也自然而然将其视为最宝贵的财富传给我们的下一代，甚或者给他们支起保护伞，让他们在原本"不自在"的世界里，"自在"起来。

父母这样的爱原本无可厚非，但个别的却因为爱，纵容了孩子在诱惑遍地的世界里去率性而为，忘记了要警示和告诫他们这样的率性，必须是在不损害他人利益，不妨碍社会公众利益的前提下才能有的。

去年年初的李某某案十足给大家增加了不少茶前饭后的话题。撇开网络曝光的公众舆论参与不谈，这个案子中的李某的生活成长轨迹实在是很值得让人深思。李某还只是 15 岁的时候就有着前科：他无缘无故将一对陌生夫妇暴打一通。事件也是经由网络曝光，事后其父代替他前往医院向

海上冰山

受害人道歉，但受害人拒绝了私了的要求。时隔2年，这个所谓的17岁未成年少年，又伙同5人将一名女子强行带去一家酒店轮暴。事件发生后，受害人报案，运用法律手段进行维权。令人寻味的是，据报载，李某的父母非但不对受害人表示同情和慰问，反而极力对受害人泼污水。这一案件的扑朔迷离和李某三任律师的退出成为是年当仁不让的热门话题，甚至引起了国际媒体的关注。

摘下政治的有色眼镜，不去深挖李某的家境。李某人是一个典型的被宠坏了的孩子。网络上曝光的一些他幼时的生活照说明了这一点。李某事件发生之前，李某父母是享誉极高的社会名人，如今，儿子"名声"更盛，恐怕李氏夫妇今时今日宁可他做个平常人也不愿意他被大众关注吧！不可否认，舆论有其残酷的一面，李某是否真的如外界所传的那样不堪，事实还有待甄别，毕竟他生在一个艺术氛围浓厚的家庭，自小聪明伶俐，有一把好嗓音，且多才多艺。如果用这个标准来判断，李某可以说是一个未来之星。然而，这颗星却出人意料地成为了流星。

深入剖析，李某的父母，自小对他寄予厚望，稍大点，他就屡屡随父母登台献艺，在父母的光环下，赞誉铺天盖地而来。这样的成长环境下，父母的溺爱，生活的顺境，过早的明星光环，让他迷失了，找不到正确的自我定位。也因此，让他产生可以率性而为的错觉，无论是打人事件，还是现在火热的轮暴事件，都暴露了李某成长过程中缺少了这样一堂严肃的人生课。可怜天下父母心，李氏夫妇他们愿意将他们认为的最好的东西给孩子，这无可厚非；他们也有条件给孩子一个优越"自在"的环境，这也很让人羡慕。然而，"黄鼠狼的儿子香，刺猬的儿子光"[10]却不能因为溺

---

[10]　家乡故老相传的一句俗语，形容父母偏爱自家孩子，想当然认为自家孩子"人见人爱，花见花开"，因形象有趣，故用之。

爱自己的孩子就想当然地认为社会也会溺爱包容他的肆意随性啊！

前车之鉴，我们眼中所看到的，往往只是海上冰山露出水面的 10%，还有沉没在水中的 90% 需要我们用心灵眼去看，经过理智分析去理清事情的来龙去脉。

人生不可能达到真正的率性，总有这样那样的"不自在"；无论有什么样的理由，都不足以构成我们通过损害他人利益而达成自己所谓"自在"的借口。儿童也罢，少年也罢，弱势群体也罢，因为他们未成年，因为他们属于弱势群体应该被关心爱护，所以他们触犯法律，伤害他人我们就该宽容，过往不咎？若容忍的尺度到了这地步，恐怕绝非幸事。在英国，曾经发生一起未成年人犯罪事件：一对 10 岁的孪生兄弟，在超市里将一名陌生的 2 岁男童骗出来，残忍杀害，事后还伪造小孩被火车轧死的现场。案情侦破后，这对孪生兄弟引起了公众极大愤慨，纷纷呼吁要严厉惩处，最后这对 10 岁儿童被判入狱 15 年。我们对"恶行"的不容忍，也恰是为了社会环境的有序和平稳。任何人也不能将自己的快乐建立在他人痛苦之上，如果率性而为指的是这种，那我们将毫不留情地让他本人成为彻头彻尾的"杯具"。

>>> 第二节
佛说"三界唯心"，但为心所驱人还只是动物

> 智力不足以应付的问题，阅历随后会将其补上。

　　人，高等灵长类智慧生物。灵长类，动物中的一种，所以，人也是动物。这种判定对吗？恐怕大家的感觉和笔者一样，虽然觉得找不出错处，可就是觉得别扭。人，到底是不是动物？这是个很纠结的问题。别以为讨论这个问题是矫情，仔细看看周围，我们还真能发现许许多多如同动物一般，活着只是一种本能的家伙。换句话说，就算这些两条腿直立行走，两个肩膀上扛着一个脑袋的生物站在面前，是否可称之为"人"还要打一个问号。

　　佛云众生皆具佛性，只是心迷失了，不能证悟。生具佛性的心迷失了，那剩下的"心"又是什么？心外无物，此心非胸腔里搏动以供全身血脉运行之心，而特指人之智识。智识既不存了，剩下的自然就是生物体的本能了。生物体本能所发生的目的只有一个——维系生存和个体的繁衍。众生佛性蒙尘，此心已经不是曾经的智慧心、智识心，若再为其所驱使，与动物又有什么本质的区别？

　　有人不服，例举出人是有情感的。喜、怒、哀、惧、爱、恶、欲，为

人之七情，自来为人所津津乐道，奉为优于其他物种的最具说服力的理由。近代行为心理学研究者们却给予他们反戈一击：与人打交道时但凭情感而不是智识，那是心甘情愿地沦为情绪动物，就等着运用智识头脑的人来"屠杀"吧。现实生活中，真性情、率真、直肠子、喜恶都表现在脸上，这样的评价可真真不是什么好字眼。虽然不可否认的是，具有这样特质的人会让人觉得亲切自然，与之相处也轻松愉快。可是变相地，也就说明此人容易被人一眼看穿，容易利用，容易欺侮。毕竟不是每一个人都是你可以敞开心怀接待的亲人、爱人、挚友，当你将自己袒露在那些怀着利益和各种忌惮之心的人的面前，除了被对方爽快地"屠杀"以外，还能有什么样的神迹发生？说到这里，我们始终不要忘记：在社会上与人打交道时，如果对方不是弱智或神经错乱，千万不要以为他（她）所说的每一句话，所做的每一个动作都毫无疑义。这一点，我们在后文还会深入去分析。

笔者始终相信人性本恶，如今这个社会，种种色色千奇百怪的人和事更是这个论点取之不尽的论据。为心所趋，是沦为情绪动物也好；还是为了生存，重复机械地做着枯燥无味的工作也好，其遭受心理屠杀的命运不会改变。我们的民族在世界上正面形象里是有着最聪明头脑，最智慧的学识累积的美誉，然而负面形象里也同样有着最狡诈、最自私冷漠好斗的评价。从前，关于民族性、国民性的探究，其成果出版成书的，蔚为大观。近几年无论是通俗文学还是影视圈所流行的宫斗、宅斗题材，又再一次地验证了外国人对中国人评价的正反两方面印象。还真是应了毛主席的那一句话，"与天斗其乐无穷，与地斗其乐无穷，与人斗其乐无穷"。

有人的地方就有江湖，这斗争的场地不管是在家族内部，还是在职场上，还是在与人交际时，怪不得一说起宫斗、宅斗，并引申到职场斗时，人人都像"战斗机"，恨不得立刻亲自上阵搏杀一场。宫斗、宅斗、职场斗，

佛墙前的少女

利益的争夺，手段和心智的较量惊险刺激。过程集中体现了情绪动物与智识大脑的心理搏杀，其惨烈程度比刀光剑影的战场有过之而无不及。因为在这里，七情已经不能称之为人的情感，喜怒哀惧爱恶欲，已经经由智识的分析，经验的参酌，成为了杀人于无形的刀。对你笑让你放松警惕的人很可能下一刻就狠狠捅你一刀；悲伤涕泣的很可能只是鳄鱼的眼泪；愤怒只是要做给外人看的……你无法用常理来推断这样的人，他的真实心境是什么，如果只是跟着对方的情绪走，并作出反应的话，这样的人在斗争中是最先被秒杀的一群。

《史记》中记载的战国时郑袖除魏女的手法，让人惊悚之余又不得不佩服她的狠辣和隐忍。楚怀王之宠姬郑袖，姿色美艳，且又聪敏，她成功地打败了楚王后宫里众多的美人姬妾跃升为怀王第一宠姬。她又接连生了二子一女，一时楚宫中郑袖风头无两，牢牢把持了宫中大权后，她又控制着不让其他女人上位。久而久之，关于郑袖好妒的指责也传到了怀王耳中。聪明的郑袖在怀王面前从来都表现得大度宽容，令怀王也只是有些怀疑，对那些流言并不多加理会。不久，魏国送来一名美姬，生得十分美貌。怀王大喜，对其宠爱有加，风头甚至盖过了郑袖。谁知郑袖却丝毫没有不满的表示，还主动到怀王面前自荐照顾魏姬，说是魏姬初来乍到，远离故国，不如让她来照顾。怀王允了，这以后，郑袖果然无微不至地照顾魏姬，生活用度上都是最好的往她那儿送，每天嘘寒问暖，比亲人还要胜三分。怀王甚为开心，逢人就说："都说郑袖善妒，如今看她喜爱魏姬比寡人还甚，这就让流言不攻自破了。"

有了怀王发话，魏姬也将郑袖引为挚交，对其十分信任。机会来了，有一天，郑袖在魏姬梳妆时，满含赞叹地说："妹妹生得好容貌，就算姐姐是个女人也不由得要看呆了。"魏姬只是笑笑，不过心下还是难免得意。

"只是……"谁知郑袖话音一转，脸上显出迟疑犹豫的神色。魏姬好奇地追问只是什么，郑袖说："妹妹哪里都生得好看，只是鼻子小了一点，算是美玉瑕疵吧，总不能够尽善尽美。"魏姬生来就自负美貌，听了这话也有些气闷，按下性子问："生来的样子，又有什么办法呢？"郑袖仔细端详了一会儿，眼睛一亮，说道："妹妹不如这样，在人前时，稍稍用袖子遮挡一下鼻子，这样更惹人怜爱呢。"魏姬听说后，对着铜镜，将曲裾宽袖抬起来稍稍遮掩，果然别有一种风情，心下便信了十分。后来，魏姬每每面见怀王时，总是时不时地以袖掩面，一来二去，怀王觉得奇怪，跟郑袖说起魏姬的怪异举动，问她这是什么原因。郑袖欲言又止，怀王起了疑心，一再追问。郑袖不得已就说："魏姬说大王的身上总是有一股臭味，所以她掩着鼻子。"怀王听后大怒，骂道："贱人好大的胆子！将她的鼻子割下来，她也不用遮了。"就这样，郑袖借怀王之手又除掉一名对手，还落了个宽容大度的名声。

这场步步惊心的宫斗剧里，郑袖无疑是最后的赢家。然而我们都可以看出她的赢绝对不是靠运气，而是靠智识，靠谋算人心。在这场斗争里，她的情感情绪成为她最有利的武器，麻痹敌人、引诱敌人，给予对方心理暗示，令他们按照自己设计好的道路上走。怀王的自大自负、魏姬的轻敌轻信、外人的流言与关注，都成为了她利用的对象。君王的自负，唯我独尊令他们只相信自己看见的，郑袖正是利用这一点要造一个假象；魏姬自负美貌却见识短浅，那就让她先放下戒心，赢取她的信任。郑袖有充分的耐心来布局，因为前期的铺垫，直到魏姬被割了鼻子，兴许魏姬还不知道这祸从天降是缘于她呢。

看了这样血腥的一幕，还有人会反对为心所驱只是情感动物，而沦为情感动物就只有被屠杀的命运的观点了吗？我们反对与外人打交道时情绪外露，也不看好情感太丰富，受对方情绪的牵引而波动。当有人对你说，你这样的性子很好，个性直率，没有坏心，高兴和不高兴都表现在脸上时，千万要警惕，他的潜台词其实是：你都不够格成为我的对手。可惜的是，十个人当中，有九个人将这话当成了赞美之词，还沾沾自喜，引以为豪。自然，我们不是鼓吹阴阳脸、假面人的那一套做法，只是，在知道人心如此险恶的社会，那些人既不是无条件疼爱你的父母亲人，又不是因为爱而包容你纵容你的爱人，不是因为理解而信任你的知交好友，你凭什么以为就因为你的真性情，他们就仁慈地不在心理对抗中"屠杀"你？要知道人与人的交往，一旦他从你身上获得心理优势，尝到了甜头后，就像鲨鱼闻到了血腥味，不饕餮大嚼一顿是不肯罢手的。

做事单凭本心，为心所驱，真性情固然自己爽快，旁人轻松，但终究不是在这个世界上的生存之道。这一点，不用笔者多费唇舌，随着年龄的增长，阅历的增加，吃亏吃得多了，自然会意识到。笔者从来都坚信一点：智力不足以应付的问题，阅历随后会将其补上，差别只在于代价的多寡罢了。

>>> 第三节
佛还说"万法唯识"，心识俱全才是真正意义的人

> 识者，智慧也，《维摩诘经·菩萨行品》："以智慧剑破烦恼贼。"

　　上一节我们仔细剖析了为心所驱的情绪动物，这回我们就要回归理智分析的道路上来，以经过智力结构过滤整理纷繁万象后所得的"识"来指导前行之路。切不要误解我们将一句话分成上下两节来讨论是拉杂扯淡重复啰唆，黑格尔说："存在即是合理。"恰是因为社会上就普遍存在着情绪动物，我们才要单列出来。又恰是因为心识俱全、智慧聪敏的头脑的可贵，我们才更要特地来理上一理。

　　人生就是一场证道，悟得了，证觉了，便是真正得大自在了。在哲学之路上的探索，对于心灵的发掘，自我的认知，东西方哲人所付出的努力，其本质是一样的。华人第一儒商李嘉诚先生曾说："人第一要有志，第二要有识，第三要有恒。"他事业的成功，与其广博的学识有着莫大的关系。笔者从来不认为只有躲进阁楼做学问，如马克思那样将图书馆地板坐出四个坑才能研究出哲学的成果。相反，学习、研究、彻悟，有的人将其融入了生命中每一过程，一呼一吸间，所见所闻时，皆是了悟的禅机。李嘉诚

就是这样一个以人生为大学，以中国传统文化为精髓，积极适应社会，将"天行健，君子以自强不息"贯彻到底的儒商大家。他在关于心灵探索的话题上曾这样告诫后辈子弟："只有在你积极实践与心灵共鸣的行为时，富具意义的体验才能驱赶心灵的空虚，让你享受富足人生的滋味，在天地间寻找和活出恒久的价值观。"

李嘉诚走出的是真正的智慧人生一条路。他的识，恰如有容乃大的大海，是不断充实、不断丰富和提炼总结修正过的。这一点恰恰与我们大多数人截然相反。很多人，囿于环境、眼界，或是懒惰心理，更甚者是阶段性成功经验，抱残守缺，原来的"识"——曾引领他们走向光明辉煌的智慧，反而变成了束缚其前进的藩篱。"三界唯心，万法唯识"，只为本能所驱使，为情绪所左右的人，是情绪动物；而固步自封，为曾经的见识所左右的人又是被时代洪流毫不留情抛弃的人群。二者在结局上没有什么不同。

从心理学层面上来透析，人的心理规律是在社会生活中逐渐建立起来的心理活动定式，其依据是有助于个体生存和发展以及心理生存的成功经验。心理规律一旦形成，没有广博的学识做后盾，审慎明智的头脑，就极容易被其左右。虽然当初是因为尝到了成功的甜头，一步步构建起来的有效经验的规律，如若外界环境发生变化，心理规律因其稳定的心理结构，拒绝接受新的信息，仍以经验来做决策，显然是要碰钉子的。最后败也败在这固化了的心理规律上。

依旧以李嘉诚的商业人生做例子。仔细分析下来，李嘉诚从他走上创业之路始，他的每一次重大转折，每一次事业的飞跃，其实都是打破成规，勇于挑战和尝试的结果。香港近三十年来的经济发展史，1972年股市热潮，1974年股灾，1982年遭遇信心危机经济动荡，1987年又逢股市狂泻，1989年的股市低迷，李嘉诚不仅安然度过，还从中获利，正是他反其道而

李嘉诚雕像

行之的"人弃我取，逆势上扬"的智慧识见集中体现。有人说李嘉诚是运气极佳的豪赌客。说这话的人，可以肯定的是，他们羡慕嫉妒恨，以至于蒙蔽了心灵眼，看不到李嘉诚运气极佳的表象背后，是他远甚于常人的识见。李嘉诚不是上帝眷宠的天才，他一生学习不辍，与其说他是资本家，不如说他一开始是"知本家"。知识不仅从书本上获取，从创业实践中可以更清晰地印证和提取。

有人看李嘉诚，只看到他数次重大决策，从看似不相关的行业跳到另一个行业都能获得成功的商业奇迹，却容易忽略李嘉诚从始至终是站在识见智慧的高度来规划他的人生。他每做一个重大决定，都必然是经历长时间深入而细致的调查，获得极尽翔实的资料后才做出的；除非是时不我待，时机稍纵即逝，这个时候，他才凭借以往累积的经验当机立断，不求急功近利，只求稳健和长期收益。事业做大后，他的这一审慎稳重的作风丝毫没有改变。也就是说，李嘉诚之所以能比我们绝大多数人站得高看得远走得稳，在于他从来没有依赖所谓的经验之谈，他的识见是与香港社会形势、全球经济形势的走向密切相关的。又恰是这种认知——将本我永远摆在第二位，李嘉诚的谦虚谨慎是真真切切刻在骨子里的，绝不是如一些人那样用来装样子的。

人的识见智慧的增长有两种，一是被动地灌输，一是主动地获取。李嘉诚固然是为理想所永久驱动、努力奋斗不止、主动增长识见智慧的代表。但这两种增长方式并非是对立不能共存。我们每个人从来到这个世界，初始阶段是被动地接收信息，主动地探索，也因为活动空间和身体发育的限制而成果有限。等到了学龄，入学接受统一教育后，这时就是集中的被动灌输时期了。当然也有一部分颖悟勤奋的学生，也能去主动获取和深化知识。一段时间后，两种人群之间就显示出明显的区别来。这倒不是说光凭借考试分数来定高下，实在是一种思维模式的较量。

想必，很多人都不陌生，读书的时候，身边总有那么几位平日里看着嘻嘻哈哈，游戏玩乐啥都不落下、学习成绩却每每独占鳌头的同学。他们与那些被老师们宠爱着，时刻挂在口头作模范来表扬的勤奋刻苦听话的好学生们，是绝对相反的类型。老师们对他们可以说是又爱又恨，但万万不能拿他们做模范来训导别的同学——尽管他们考试的分数也是杠杠的。

怎么一回事呢？原来，悬梁刺股的苦学容易学，如他们这般轻松自在、游刃有余却根本学不来。没法，形似而神不似啊，所有人只得将这归功于他们的天赋上，认为他们是另类的天才。怎么可能？天才又不是市面上热腾腾的包子，每天都有新鲜出炉的。过了这么多年，社会阅历多了，心理上也成熟了以后，我们这些中游笨鸟们或多或少的都能颖悟到：原来，我们与那些"天才"相比，他们是少有的主动获取知识的聪明人，而我们更多的是被动接受灌输；因为他们主动，故而效率是旁人的数倍，业余时间和课后，他们也就不必去苦学勤学，反反复复地加强记忆以使被动灌输的知识形成深刻记忆。

L. 罗恩·哈伯德在《戴尼提》中花了巨幅篇章来探讨人们早期印痕作用于潜意识领域后对人的行为所产生的影响。其中一个重要的观点是：

> 人类理解能力的发展，与他认知到自己和宇宙间紧密关联的程度成正比。……"生存！"这个基本指令，是人类所有活动的基础。

以"生存"为前提，一切困难和不喜欢不愿意的负面情绪都将退居次位，直到现在，我们对于学习的态度是极力提倡：苦学之不如好学之，好学之不如乐学之。理想总是丰满的，现实却很骨感。除了那些老师口中的模范奇葩外，对着课本，我们大多数人是真的只有头悬梁椎刺骨似的苦学之了。苦学的成果与主动去学的成就相比，差了不是一星半点，这样就造成了个人精力和时间的极大浪费，搞得自己苦不堪言。事实上，如果我们在那个时期，能主动去了解一下我们学习的心理规律，了解一下宇宙人生哲学，先将思想疏通，再来勤学，就会事半功倍。

生存是一个严肃的话题，但我们潜意识里却是能绕开它就绕开它，能依赖就依赖，能拖延就拖延，害怕变动，害怕不稳定，都是这种逃避的心理作祟。除非是被逼到无路可走了，不得不正视起来，才从心理到行动上有一个巨大的改观。时势造英雄，说的就是这个普遍社会现象。英雄也造时势，这就有点逆袭的味道了。前面我们所提到的那些主动获取识见增长智慧的人，成为这种逆袭人生的人最有可能。

　　"三界唯心，万法唯识"，我们只是借用了佛家的这段论语的字面意思来做解，深层次里，唯识宗自有一套体系严谨的论述，但在我们应用心理学层面，我们仅就意识领域里理智分析与情绪反射两块来探讨其对人生的影响。以实现自我的个体生存和心理生存为根本目的，不妨碍我们以"拿来主义"运用一切可以利用的理论来做武器。

>>> 第四节
终极心理规律：为了实现自我保护和心理求存

> 活着，还有一种假象叫行尸走肉，心已死，但求速朽。

想起臧克家的那首著名的《有的人》，开篇一句诗恰是这篇文章极好的引子："有的人活着，他已经死了；有的人死了，他还活着。"我们一再强调的心理规律，不管其形成和发挥作用的过程是多么复杂，其最终目的始终只有一个：为了实现自我保护和心理上的求存。

心理上的生存是最根本的生存。一个人疯了、自杀了、自暴自弃了，他都是放弃了在心理上求存的愿望和意志，他的行动是在冲着这个社会大喊："我不玩了！"这种放弃心理求存的群体的一个共性就是完全放逐自己，虽然仍然会有饥饿、困倦、疼痛的生物本能反应，但也仅作用于身体细胞而已，充当信息高速公路的神经元已经在大脑下达的关闭信息通道指令下停工，所以表现在外，就是这一类人对人对事的麻木不仁、漠不关心。

心理分析的研究对象是人类的心理，目前还没有说动物心理也要纳入其研究对象。当然有那些献身科学的研究者们，不惜远离人类社会，融入动物群体如狮群、豹群中去，努力成为其中一员，这个时候就真的需要通过研究动物行为来分析动物心理了。这属于更专业的领域的研究内容，此处我们不必铺陈开来。但有一点，相信大家都不会否认：生物体存在的一大本能是实现个体的生存繁衍。对于人类，说得直白点，首要任务那就是活着！没有这个大前提，一切都免谈。复杂如人类的心理规律的形成，其形成和发挥作用的目的，也要服务于这个大前提。唯一与动物区分的是，在这基础上，人类除了维系个体的生物学意义的生存之外，还要求得心理上的生存。如果第二个条件没有满足，那就会出现一开头形容的那种"行尸走肉"的状况。这个时候，就已经不能称其为健全的人了。或者用柏拉图的"没有羽毛两脚直立的动物"来定义更贴切些。

心理上的求存，有两大涵义，一是个体的存在感，一个则是个体与他人交际时所获得的心理优势。存在感是一个比较抽象的概念，这样理论化的描述或许许多人不太好理解。事实上，迫切的需要存在感，在我们还在母亲腹中时就已经出现。第一次胎动，在羊水中无意识翻了一次跟斗，爸爸妈妈拍了拍肚皮跟他（她）打了个招呼，他（她）能意识到有一个"我"和外面行为的对立，于是继续动弹了两下，这就是发起回应了，翻译过来就是："这有一个'我'，你们有注意到吗？"

婴儿时期，孩子因得不到大人的关心而号啕大哭；儿童时期，因爸爸妈妈忙碌疏于关心自己而做出种种惹怒他们的举动以求引起他们的关注；学生时代，因为要赢得师长的表扬和同龄人羡慕的眼光而努力学习、练习各种才艺；走上社会以后，想要证明自己的价值而奋斗拼搏；退休以后，期盼儿女能多回家两次看看自己，陪陪自己；甚至考虑到死了后，自己的葬礼上会有谁来，会对死后的自己有什么评价……可知，人的一生，对自我"存在感"的强调一直贯穿始终，甚至可以说一生当中的绝大部分行为是受其主导的。

有的人活着，他所有的行动只是在告诉世界一件事：忽视我的存在，你们犯了一个绝大的错误。这样的人往往会诞生两类极端的名人，一种自然是大奸大恶，坏事做绝的恶人；一种却是做出惊世创举的伟人。西汉时期号称帝国双璧的卫青、霍去病舅甥两位民族英雄就是这后一种人的典型代表。卫青出身骑奴，为人驭车，于贫贱中不忘砥砺进取；霍去病出身更是可怜，他的母亲是一名女奴，与一名叫做霍仲儒的小吏私通后生下了他，父亲因为这段不光彩的经历也不打算认他，于是霍去病就一直以私生子的身份养在母亲身边。他们舅甥二人早年的遭遇放在任何人身上，恐怕都是沦为任人践踏的蝼蚁。然而卫青与霍去病二人却并没有自暴自弃，他们少而好武，胸有大志，等到卫子夫被汉武帝接去宫中后，二人也等来了命运的转机。卫青显扬后，仍然是一如既往的谦逊温厚的性子，但他对待门客的慷慨却让我们窥见了他作为身份卑下的骑奴时所受的屈辱在他的心理上刻上了深深的烙印，他的成就和奋发也是要向那些自认高人一等的人宣示：我是你们曾经看不上眼的卫青，但现在，你

现代油画作品《封狼居胥》，展现的是霍去病北击匈奴至漠北王庭，于狼居胥山举行祭天仪式的传奇壮举

们还是得反过来依靠我求得富贵。

霍去病的做法更是令人寻味。他的父亲霍仲儒从来没有一天尽过做父亲的责任，霍去病长大后得知了自己父亲的事，他任骠骑将军时，出征途中经过父亲所在地平阳（故址在今山西临汾），霍去病命人去将自己的父亲请到旅舍来。霍仲儒十分不情愿，但也不敢不来。来到旅舍，等待的过程中霍仲儒浑身不自在，一会儿霍去病出来，向他跪拜说道："去病早先不知道自己是大人之子。"这句话很有意思呢，用现在的话说，是"我早前不知道我是你的儿子啊，所以才没来找你呢。你不屑认我，我也不来找你，如今我身为将军了，你还不是得应召来见我？"霍仲儒此时又羞又愧，又慑于他将军之威，不得不跪下叩头，说了一些官话应付过去。霍去病随后又给他置办田宅奴仆让他衣食无忧，凯旋回师时，又将霍仲儒所生的同父异母弟弟霍光带回长安着意栽培。

霍去病的举动难免有对前十八年顶着私生子头衔屈辱生涯的怨愤，他对父亲忽略自己的存在感到愤恨，但是他同时又是一位深明大义的智者，对霍仲儒曾经的过失也只是点到为止，事后还在物质上加倍地优待他，自然这又是另类的一种能力的炫耀，要让霍仲儒深深地后悔，从心理上报复曾经的被忽视。霍去病短暂而辉煌的一生，战神一般的存在，几乎让我们忽略了他也是一位逆境中成长起来的有血有肉的少年，这一件出征途中认父的小事却让我们窥探到了他丰富的内心世界。也让我们知道了他率性的可爱与成长中的心灵煎熬。

再来说心理生存的另一层含义，心理优势的获得。这集中体现在人与人之间的攀比、较量上，譬如前年的一句网络流行语"长得漂亮的没我聪明，比我聪明的没我漂亮"大受追捧，成为年度网络最潮语。原因何在？关键就在于心理优势的保持。漂亮的外表与聪明的头脑是现代社会值得炫耀的两大资本。有句话说得好，有人的地方就有江湖，攀比较劲之风随处可见。可是还有一句话是人比人气死人啊，如果某甲跟某乙比美貌，某甲胜出，自此她获得了极大的心理优势与自我满足；随后，她又与丙PK，结果完败，她之前在美貌上建立的心理优势瞬间土崩瓦解。而人从他人身上获得心理优势是会上瘾的，这种瘾顺利的话会一步步加深，直到自信自恋自大的地步，但一旦受到挫折打击，反噬自身的伤害也更大，导致沮丧悲观怯懦不自信。故而专注在某一项上去获取心理优势的人，很容易受伤害，说出上面那句名言的网络牛人便发展出了两种心理优势交替上阵的办法：如果对方美貌胜过自己，那就跟她比头脑；如果对方头脑胜过自己，那就比美貌吧，毕竟才貌双全的极品奇葩还是稀罕的，以上帝的吝啬程度，给予一项就不错了。这样一来，己方在与人较量时，始终能据有心理优势，就始终能保持自信愉快的正向心情了。又因为潜意识层次里其实是知道自己作弊了的，故而这种心理优势的取得不同于理想状态中的单一心理优势的获取，会有一个理性控制的关卡，让这种自信愉快始终保持在一个适度的范围内，于身心有益，于他人无害，故而深受大众推崇和喜爱。

话说回来，实现自我保护和心理求存的终极心理规律，不就是我们一直孜孜以求的人生目标么？活着！有尊严地活着！快乐地活着！

第五章————

05

走出性格决定论的误区

>>> **第一节**
性格是本能出于自我保护需要固化出的心理结构

> 我们的性格即我们的自身。
>
> ——帕格森

　　恰如世界上没有绝对相同的两片树叶，世上也没有绝对相同的两个人——不管双胞胎之间在外形和气质上是如何一致，其内在性格定然有所区分。性格，说起来很神秘，就如同不同的身体里居住着不同的灵魂，无论外表如何雷同，只要给予我们一些时间，从他的言谈举止，细枝末节中总会发现差异。"我"在这世间独一无二，故"我的性格"亦在这世间独一无二。柏格森所说的"我们的性格即我们的自身"，不妨从唯一性来理解。

　　性格的形成却不是一蹴而就的，个体在孕育之初，受既定遗传基因控制、孕育环境影响、母体身体及心理影响，形成个性初坯，又在成长过程中为适应环境努力求存，自觉或不自觉地对自我性格进行雕琢。当性格在逐渐定型的过程中，我们不会意识到是什么促使了它的形成，又是什么促使了它的修正。毕竟人的性格既不坚固也不是一成不变的，它随着个体所处的境遇而调试着，甚至它也和我们的肉体一样有生病的状态，俗称"性格扭曲"。客观点形容，即是我们的心理在形成个体性格时与自身所处的环境不符，形成偏差或干脆游离于现实之外。这就涉及心理疾病领域的划分了，我们不需要去做学术，这里仅就现实中性格所起的作用来展开。

有应用心理学研究者认为"性格干的应该是大事，而不是小打小闹"。这个观点与我们本节"性格是本能出于自我保护需要固化出的心理结构"这一看法是一致的。性格会改变，但不会轻易改变。每个人的个性，在每一年龄段又有所不同，如若是前后反差极大的环境，则对人心理的影响也大，性格发生变化的程度也很让人吃惊，甚至可能前后判若两人。故而性格的稳定性，是出于对个体保护的需要，以保证在外在复杂的环境里，这一套与之适应的心理结构可以确保他（她）在最短的时间里——几乎是本能地，做出应对，生存下去。在这层意义上，有人也说性格是习惯的累积。

反之，我们亦可由展现性格的行为习惯推测出个体形成这种性格所处的环境以及他应有的反应。《菜根谭》中有云："遇沈沈不语之士，且莫输心；见悻悻自好之人，尤须防口。"即是说与人交往时，遇到那些寡言少语、沉默深沉的人，不要一开始就与他把臂交心，他所表现出的沉默审慎的性格表明了他在与人相处时是一个多疑谨慎的人，甚至更是一个心机深沉自私自利的人，此时己方出于自保和谨慎，就不能一开始就让他洞悉自己的心思。倘若遇到的是一个夸夸其谈，又喜欢诸多抱怨的人，那就更不应该与他深谈交心，这样个性的人，你不能说他有多坏，但这种浮躁肤浅和嘴巴不把关的作态，很有可能哪一天就因祸从口出，陷自己于不利，有一句话说"不怕狼一样的敌人，就怕猪一样的队友"，这类人就是"猪队友"的典型代表。

性格可以塑造，可以改变，但有一个误区千万要注意：能塑造它，能改变它的也只有个体自身，并且促使这一过程发生还需要一个持久刺激和动力，绝不是如文学作品中所描述的因为某一人的影响一蹴而就的。如爱情会促使人的个性发生转变：原本内向的人会变得开朗，原本活泼好动的人会变得稳重，这些改变也是存在的，但不要忽视了时间的因素。正因为算上了时间，我们才断定促使性格转变还只能是个体自身，旁人只是起到了施加影响的外力作用罢了。毕竟性格的形成是个体适应环境的结果，旁人所起的影响也是环境的一部分，个体据此在心理结构上作出调整也是顺理成章的事。这没有什么可惊奇的，也没有必要神秘化。善于运用理智分析的智力结构应对的人能一眼就看穿实质，相反，感性的以情感直面世界的人就容易加入自己丰富的想象，给它冠上神秘的光环。

阿方索·卡尔说过："每个人都有三重性格，他所表现出来的性格，他所具备的性格和他认为自己所具有的性格。"三重性格论表明人的性格外在表现与内里通常会有差异性，极端的甚至会表现出完全相悖。譬如极度自卑的人，却总是以自傲的面目示人。囿于成长环境而形成的自卑个性，虽是个体出于自我保护需要形成的，但社会价值观却很明白地告诉他，这样的个性是不受欢迎的，是受到鄙弃的。心理生存能力弱的人意识到这一点会变得更自卑，乃至自闭。另有一些在心理求存意志上更为顽强的人，便因此而发展出一种截然相反的心理对抗模式：为了

多重人格

掩饰自己的自卑，故意反其道而行之，故意地对这种社会普遍价值观做出鄙弃的表示，远离人群。此时，倘若能在行动上再配合以努力拼搏奋斗做出一番事业来，具有这样内外相悖极端个性的人往往会是有一番成就的人。如英国二战时期的首相温斯顿·丘吉尔、美国苹果公司前任总裁史蒂夫·保罗·乔布斯、中国新东方创始人俞敏洪等，都是这类人格的代表人物。

需要澄清的是：自卑型人格并非为社会价值观所鄙弃，相反，这类人格所激发的正向能量往往会成就令人不敢小觑的事业。社会价值观所不赞同的是自卑的外在表现。心理学中人格划分里也会用到自卑型人格，但绝不是什么贬义，只是对这一特定人群的真实性格的如实描述。在这群最终通过持久奋斗拼搏而证实了个人价值的精英当中，极度的自傲的背后是极度的自卑，这二者的反差，会因为他们的积极行动而掩盖，人们极容易被其活力充沛、才智出众的外在表现所吸引，完全忽略去探寻其内在真实性格的意图，不假思索会认为他们外在所表现出来的强大自信、傲视群雄就是他们的本来面目——他们的成就也似乎佐证了这一点。

性格一词，是我们日常生活中常用的表述，虽然"人格"一词更具有精准概括力，但我们除非是必需的理论引证，一般场合下仍然以大众约定俗成的语言习惯来讲述。评价他人时，性格是一项重要指标，俗语里有"三岁看老""江山易改本性难移""性格决定命运"等一系列判定来描述人的性格的稳固性，若是完全信奉这些判定，人生未免也太绝望了。

事实上，在人文科学家的眼中看来，性格是复杂的，当然也不是杂乱无章无迹可寻的，几千年前的希腊哲学家希波克拉底认为人体内因含有四种不同的体液：血液、粘液、黑胆汁、黄胆汁，因为各自含量的比例不同，从而使人形成四大类型的性格：一、忧郁型，也可以说是焦虑型内向型；二、冷静型，外表内向，心理放松型；三、乐天型，乐观外向型；四、暴躁型，焦虑且外向型。这四个简单维度，虽然不足以描述人类性格的多样性，但这种以主要特征来进行维度交叉的描述方法却得到了人们的认同，也经受住了时间的考验。科学家们也一直坚持认为有什么样的性格就会有什么样的行为与之对应，譬如：

　　　　内向性格→内向的行为

根据我们第二章情绪影响行动力公式描述来看，则亦可以推论出：

　　　　内向的行为→内向的性格

　　行为对性格的塑造具有不可忽视的重要作用，性格的稳固性又使得行为规律有迹可循，人的主动性又使得行为在性格稳固模式以外还具有可塑性，且这一可塑性会随着行动的强度和持久时间的长短而呈正向同步增长的趋势，也就是说，只要我们有强烈的意愿去改变，并有恒久的动力来推动，我们可以从改变自己的行为开始，从而最终达到雕琢自己的性格的目的。如上面所说的性格内向者，他们可以通过主动地去接触人群，多与人交际，多在人前表达观点的方式，长久坚持下来，内向的性格会朝外向性格转变。自然这种改变不是一朝一夕之功，是需要勇气和毅力来做动力，提供这种动力的往往就是生活生存的环境，因为不改变、不适应就意味着被淘汰，恰如我们一开始就提出的观点，人的一切心理结构都是在"求存"这一地基上建立起来的，性格也不例外。

>>> 第二节
积极求生的心态是性格雕琢的原动力

> 时势造英雄，不若英雄造时势。

　　思考这个命题时，越是深入，越是发现思维逐渐形成了一个回路，到最后就是一个大大的圆，或者说是零——回归混沌虚无的本质。故而，我想哲学真的不是要去求一个最终的结果，而是在于证道的过程。没有必要去论述求生的意愿，这是生物体的本能，但若加入了"积极""心态"两个限定词，就更精进了一层：这是有智有识的人类才能具有的特性，并不是所有的人都具备的，世上多的是随波逐流、得过且过、麻木不仁的人。他们就不在主动性格雕琢之列了。近年来西风东渐的心灵励志一类的图书，里面或多或少都会涉及西方流行的反思潮：人们在某一天开始深刻反思自己的生活，我所做的一切，我现在的工作、我现在既得利益是我真正想要的吗？我是否已经忽略内心真实的想法太久了？如果生命是如此短暂，我还有什么理由不按照我内心的意愿生活呢？

　　在这股思潮的影响下，很多人就会做出令旁人大跌眼镜的举动，完全改变现在的生活方式，去尝试自己理想中的生活。如辞去现有的稳定工作，卖掉房子车子，去周游世界，回归田园过乡村生活。每当看到这一类书时，笔者有欣羡也有极大的担忧，这类书对大众的影响是一把双刃剑啊：人们看到了他们下决心改变，敢于抛舍世俗价值观的金字塔架构里代表上层价值的一切物质条件，却将那些隐藏在这样大胆改变举动下的曾经拼搏奋斗的过程抹杀了。惰性人人皆有，舍难取易亦是本能，在这样逍遥且轻松的示范前例面前，自然而然地去模仿表面所看到的行为是再普通不过了。

　　正如笔者从来不信成功之路可以复制，笔者也不相信别人的生活轨迹，其他人也能完全吻合。说放下容易，说抛弃也容易，可是我们始终不要忘却：做这些改变的前提是自己仍然能好好地生存，改变的目的为

布留洛夫的巨幅油画《庞贝末日》，描绘的是公元 79 年，维苏威火山爆发，吞没罗马古城庞贝时的可怕末日景象。人们出于求生本能想要逃离灾难现场，但最终只是徒劳

了活得更自在。当我们盲目地去模仿他人生活轨迹时，我们也就放弃了自我积极求生的原动力，结果是我们不仅得不到他人所体验到的自在自由，反而将自己的生活弄得个四不像，更有甚者，陷入难以拔足的困境。

20 世纪初，在中国大受推崇的是达尔文所提出来的"物竞天择，适者生存"的理论。人类亦是接受着自然的选择，为了生存繁衍努力地去适应环境，也发挥主动性去改造着环境。相应地，环境也塑造着人，在生存这个大前提下，每个人恰如一块块熔铁，适应社会环境的过程其实就是将自己投入时势这个大熔炉，塑造成器的过程。性格亦是在此过程中随之形成，亦如熔铁一般可塑性极强。能顺应时代大环境，成就一番作为的可谓英雄，将自己铸成大器并能影响一个时代，则谓英雄中的英雄。但也不是所有英雄都是从头到尾金光灿灿，令人欣羡膜拜的；还有为时势所造就，却不能主导时势的悲剧英雄。

读梁启超先生所著的《李鸿章传》时，十分认同他的一个观点：李鸿章的见识虽然远远超过他同时代的官僚士绅，但作为一个改革家，他实在不懂外交，也不懂国家政务，更不懂国民才是国家的组成，他所办的洋务，也只是因袭前人的老路，以为中国的风俗、政治、传统都比外国优秀，不如人的只有枪、炮、船舶、机械、铁路，只要将这些都办起来，也就达到了洋务的目的了。后来甲午战争中北洋舰队的覆灭彻底地破灭了这一幻想，可以说李鸿章只是时势造就的英雄，并不是造就时势的英雄。

如我们上一节所探究的，性格干的是大事，当我们讨论一个人的成就时，会归纳他（她）具有哪些成功者的特质，这些就是性格因素，成功者的路，后人无可复制，恰如马云就是马云，李开复就是李开复，我们读了他们的传记，分析他们之所以成功的商业宝典，我们也不可能成为马云第二、李开复第二，但是我们却有可能从马云和李开复身上看到他们性格中关于适应大时代环境，抓住机遇，保持持久奋斗力的特性，这个才是对我们有意义，且能吸收融入自己性格中去的东西。其中，积极求存就是他们这样的时代精英的一大共性。马云经典语录里有这么一段话：

> "我永远相信只要永不放弃，我们还是有机会的。最后，我们还是坚信一点，这世界上只要有梦想，只要不断努力，只要不断学习，不管你长得如何，不管是这样，还是那样，男人的长相往往和他的才华成反比。今天很残酷，明天更残酷，后天很美好，但绝对大部分是死在明天晚上，所以每个人不要放弃今天。"

他们永不言弃，具有持久恒动力，这一特性也就成了其性格中的主导部分。而我们之所以为他们所吸引，也正因为通过这些特性，我们能看清他们不是神，而是与我们一样也有过恐惧、有过软弱、自卑的普通人。而他们性格中的成功特质却是容易学习模仿的——注意！是入门容易模仿，或说是短期内容易模仿，真正做到持久恒动力，还需要不断地进行心理斗争与自我激励，这个过程却是艰难的，又是孤独寂寞的征程。

人们通常容易看到成功者现在的光环，却不知其通往成功之路的道路两旁，尸横遍野万骨皆枯。大多数人退缩了，成为了他人成功之路上的炮灰，话语权留给了坚持到最后的人，于是，李开复就可以理直气壮地说："只要有了积极主动的态度，没有什么目标是不能达到的。"听这些成功人士说话，如果仅听字面意思就以为有所得，就可以放心地去做事，那是被忽悠的傻子。别忘了积极主动之后，还有一个持久恒动力。

性格的稳定性也不是你我头脑一发热积极主动去改变就马上能雕琢

出来的。恰如马云的另一句话："成功之后所说的每一句话都是真理！"
你不服么？他们的现状就是最强有力的反驳；你深信不疑并完全去模仿
行不行？根本不可能！因为造就马云、李开复的时势、机遇已经成为历
史，留给我们的只有他们个性中被称为成功特性的特质是有益的，至于
他们那些演讲和长篇累牍的传记、商业宝典什么的，用一位研究行为心
理学的当代牛人的话："这些人都在装样，不过他们装有装的资本，且总
有一群乐此不疲做听众的傻帽儿愿意随时捧场。"听他们说"真理"实在
是一件很爽的事，过程中的艰辛、心理上的挣扎痛苦，被他们用语言美
化提炼后，化为幽默生动引人入胜的故事，听着岂不是享受？享受过后，
千万不要忘了用理智分析去过滤自己需要的东西，否则只是享受了，心
情愉快了，下回还继续来听，那就是上瘾了。跟吃了好吃的，下次做回
头客没什么两样。

回到文章开头，笔者始终相信哲学的命题到最后都会归零，成为一个
圆，且大道至简，他人的成功、他人的辉煌，只用"积极求生的心态"七
个字足以道尽个中滋味。故而不必强求自己当下所处的环境是否和那些成
功者当初所经历的相似，也不必抱怨机遇为什么没有降临在自己头上来。
只是睁开眼睛看看周围的世界，好好地规划一下，如何才能更好地生活，
想好以后，就坚定不移地执行下去，时间到了，求仁得仁，这就是个人所
希冀的成功了。实在没有必要欣羡仰望那些成功人士，他们代表的是社会
普遍价值观的金字塔的顶层，是被人顶礼膜拜的，没有普适性，成功应该
是多元化定义，成功的特性才是最具普适性和推广价值的珍宝。

性格干的是大事，性格决定命运，而命运是一个过程，跨度百年左右，
不到盖棺定论的那一刻，谁也不能说命运如何如何。而代表社会精英的成
功人士，呈现给他人的，或是说愿意呈现给他人的，只是其命运中一个阶

段，还是年过 80 岁的李嘉诚说得好："人生自有其沉浮，每个人都应该学会忍受生活中属于自己的一份悲伤，只有这样，你才能体会到什么叫做成功，什么叫做真正的幸福。"

在命运的长征途中，学习他人性格中的成功特质，雕琢自己的个性，坚持走自己的路，就算一生只做好了一件事，最后的那一刻，你还是成功者。至多，与那些时下年富力强的光鲜精英们相比，是大器晚成，更显得日久弥珍。

>>> 第三节
"作秀""装"只是达成目的的手段

> 最强烈的表现欲，莫过于视人生如戏，戏如人生。

　　秀一把，作为一个舶来词，"秀"在二十年前是决计听不到的，但这丝毫不影响大家将"秀"的行为钉上耻辱柱。"怎么就那么爱显摆呢？""你就一现世宝！"这样的嘲讽一点也不陌生，而且其刺激力度也相当大，当听到这样的评价时，愤怒、羞恼、不服气，令我们耿耿于怀想方设法也要甩开这讨厌的帽子。没曾想到，如今才过去二十年，当年的爱显摆，如今的"秀"，换了个马甲，"秀"满神州，达人秀、脱口秀、时装秀、名人作秀，选秀……"秀"依然是爱显摆，装样子，演给别人看，其本质涵义丝毫没有改变；但是感情色彩却来了个180°大反转，现在说某人会秀，那绝对是羡慕嫉妒恨，再也不是从前的鄙视唾弃讽，而且"秀"的那一方振振有词："秀有秀的资本。"不得不说，短短二十年的时间，扭转了传承几千年的价值观，要归功于地球村的形成，世界经济一体化，文化交流频繁化。

　　深入去思考，不难发现对"秀"持褒扬鼓励的价值观，实际上是西方哲学土壤上孕育出的一大特产，伴随着改革开放文化交流的深化，这朵奇葩也逐渐在我们这片古老的大地上安了家。

当然，因为民族心理的稳定性，传统价值观的影响依然隐性地发挥作用，就好比人的大脑自动归档，将曾经的一些深刻记忆归入潜意识记忆范围。这些记忆明面上看不见了，实际上却依然深深影响着人们的行为。对待"作秀""装"这个现象，从前贬斥，如今褒扬两个极端的价值评判标准，其拉锯战的结果就是一方面我们对那些作秀成名的人，表现着羡慕嫉妒恨；一方面却又口头上表现出不屑和鄙弃，口诛笔伐，恨不能将作秀者拉出来批斗一番才好。这是在我们这个国家特有的一种矛盾现象。自然，与我们特有的文化氛围分不开。东西方文化的冲击，反映在思潮领域里，也是一场激烈博弈。这时，若没有一个清醒的头脑，很可能就被时代大潮推着左之右之，无可适之。

不过时代的前沿，总不乏聪明睿智的弄潮儿。破这个局，著名的海派清口相声创立者周立波筒子[11]的看法就很值得借鉴。那是一期录制探访贫困山区小学献爱心活动的节目，寒冷的冬天里，孩子们穿着破旧单薄的衣服，拿着大铁盆当饭盒，哆哆嗦嗦地在露天的操场上排队，等着领半冷不热、油水少得可怜的饭菜，然后随便蹲在哪个角落里扒拉进肚，饭菜实在太凉了难以下咽，就找老师要一些开水，把饭菜泡一泡接着吃。这一组镜头都是近距离写实，没有音效，也没有任何技术处理，主持人周立波的声音始终在画面外，但就在这一组镜头结束时，却用了一个慢放的镜头表现周立波转身，避开镜头单手抹泪的动作———种深沉却恰如其分的人性悲悯，感动了所有屏幕前的观众。随后，捐助棉衣、书包、食品的过程只

[11] 网络用语，趣指"同志"。

是几个画面简单交代。回到直播现场，周立波筒子显然还沉浸在那样的情绪里，随即用一贯的周氏风格，列举自己历年来捐助善举，将观众情绪调动起来后，周立波模仿大众点评，鄙夷加唾弃的神色入木三分："装！你就装吧！"众人哄堂大笑，善意的感慨之后是恍然大悟：毕竟前面的节目感情铺垫得好，刚刚的列举回报社会的善举也很具有代表性，一下子就让大家的情感代入，对大众点评抨击作秀、装的现象一下子通透起来："原来是羡慕嫉妒恨的阴暗心理作怪呢。"周立波说得好："不能因为你们说我装，我就不去做了。至少那些孩子们是真的得到了实惠，这就够了。"在对"作秀、装"这一行为的贬与褒的问题上，周立波筒子一针见血：手段不重要，重要的是看结果。

"作秀""装"是一种手段，且是一种达成目的的有效手段，人生如戏，戏如人生，根骨里，难道不是在说，人生何处不是秀场？区别只在于各人的舞台不同，秀的技术含量、时间长短不一罢了。名人需要作秀，政治人物也需要作秀，其根源在于他们需要掌控——对舆论的掌控，从而来为自己造势。人活在这个世界上，自有"我"的意识，一切的行为，根本动因只在于要证明自己的存在感。当这种倾向过于急迫时，便会升级为表现欲，等同于我们上面讨论的作秀。

表现欲生来就有，有的人性格外向，让人一眼就窥见其强烈的表现欲；有的人性格内敛，表现的含蓄隐晦，不容易被发现，但并不表示他（她）就没有秀一把的欲望。事实上否定了人的表现欲，等同于否认人是不在乎自己的存在感的。稍有点分析能力的人都知道这是个谬论：有的人一生只做了一件事——让这个世界知道，忽视自己的存在是一个绝大的错误；有的人拼尽努力，也只是为了一件事，证明自己的价值，而价值又恰恰需要得到社会的评判，这样一来，他的努力，也就是要让自己成为大众评价的

姜太公钓鱼

焦点，也是要让别人不能忽视他。所以我们在对"作秀""装"进行评价时，不妨深入去想想，不要被花里胡哨的表象迷惑了：其动因是什么？其目的又是什么？抓住了这一头一尾，看似纷繁杂乱的现象一下子就变得泾渭分明，清晰通透起来。

再则，愤激一点，翻开二十四史，里面有名有姓的人物，不客气点说，他们几乎都是在"秀"，尤其是越是影响力大的，越是"秀"得厉害。早前传说中的舜以孝道闻名天下，得尧赏识，将两个女儿娥皇、女英下嫁，后来还禅位给他。他做了什么惊天动地的大事令他有这样令人绝对羡慕妒忌恨的机缘呢？原来舜有一个极品老爹瞽叟，这名字也够奇葩，直截了当地说就是舜的老爹是瞎了眼的老头子。这老头子和他继室夫人以及继室夫人生的小儿子想方设法地要害死舜。可是舜至孝，一次又一次地躲开他们的暗害，对父母弟弟一如既往地孝敬和爱护。时间一长，舜的至孝名声也就传扬开来。说到这里，我们要注意了，一个人的声望达到众口相传的境地，那铁定是他有意识地引导和设计，直白些，他就是作秀，还大秀特秀，名人超级秀。不过舜的"秀"还真是有秀的资本，他本人是很有能力的，故而每移居一个地方，周围的人都来依附他，两三年即成为一个村落。而且舜的"秀"做到了持久恒一，是一种潜移默化地影响，最主要的是其结果，他确实给人民带来了实惠，是一个好的领袖。故而后世只有颂扬，绝不会将"作秀""装"这样的帽子往这位圣王头上扣。

同样是政治人物秀，西周名相姜太公吕尚的行为就充满戏剧性了。姜太公吕尚一生潦倒，七十岁了仍未有所作为。他四处周游，听到西周的文王姬昌励精图治广发求贤令，他不直接上门毛遂自荐，反而拿着根钓鱼竿，戴着斗笠，天天去渭水河畔钓鱼。哼着精心改编的曲儿，遇到有人询问，吕尚大大方方地将钓上一整天也没有鱼上钩的钓竿提起来——原来那线下悬着的是直钩。众人啧啧称奇，当做一桩奇闻口口相传，久而久之渭水边有个用直钩钓鱼的智慧隐者的事情传扬开来，文王姬昌听到以后，果然心生向往，十分郑重地带上近臣亲自去到渭水边拜访。文王与传说中的智者一番恳谈后，喜出望外，立刻决定对其委以重任。姜太公直钩钓鱼——愿者上钩，谁又能说这不是太公高明的作秀功夫呢？偏偏结果是成就了圣王贤臣的佳话，故而这段出了名的作秀，也被广泛传扬，成为经典。

名人秀，因其舞台足够大，故而获得万众瞩目。而庶民的我们，也有自己的秀场。真性情的我们，在家人、爱人、父母子女面前，因为有血脉亲情与爱情的引导，不必要步步惊心地去设计去表演，就可以和谐相处，融洽温馨。但一旦走出家门，那就是一个个或大或小的秀场了。有行为心理学家提出：社会交往中，正常人的一言一行都是带有目的的。千万不要以为对方的言行毫无意义，就算他在言行上多方掩饰，他的肢体语言以及面部表情还是会出卖他真实的心理。秀吧，每个人都有秀场，问题只在于秀得好不好，达没达到既定目标。

　　既然人人皆有秀场，人人都需要、或者说都不得不"秀"，那就有了比较，有了优劣高下，羡慕自然而然有了，嫉妒也来了，恨的心理也不奇怪了。"作秀""装"与性格无关，但对于别人"作秀""装"的反应，却与性格密切相关。这个就涉及性格深层次细分了，我们且下回细说。

>>> 第四节
性格与外在表现的二律背反

> 性格以先天遗传为培养基，后天社会经历为营养液发展而成。

　　真要严格地说，性格与外在表现的二律背反并不具有普适性。我们前面曾提到有什么样的行为就有什么样的习惯，有什么样的习惯就会有什么样的性格。从这个层面上来讲，性格与外在表现，应该是一致的。然而，有生活阅历的人，第一时间就会意识到，这个推论，只不过是纸面逻辑推理的理想状态罢了。

　　现实生活中，外在表现与性格一致的例子不是没有，由于社会的复杂性，这一类人太过珍稀了。我们听到的更多的却是人的多面性、善变、善于伪装，《菜根谭》有云，"君子而诈善，无异小人之肆恶"，这是直面的批评，还有社会交际方面的劝诫，与人交往不要单凭第一印象就妄下结论，否则按照这种未经理智结构过滤的印象去跟他们打交道，那就彻彻底底地沦为我们前文所提到的情绪动物了，等着被披着羊皮的狼肆意地屠杀吧。

　　人是复杂的，相应的，由人所构成的社会也是复杂的。但我们却无法定义到底是由于人的复杂造就了社会的复杂，还是因为社会的复杂，迫使身处其中的人不得不变得复杂，这个命题就跟先有蛋还是先有鸡的命题一样，可以一直有争议，却不能得一最终结论。关于人性的复杂及伪装，东方哲学远比西方哲学关注得更多。泛论之，所谓的权术谋略、识人处世，都有连篇累牍的论述，但是侧重点不一样，我们的立足点只在于心理学在实际生活中的应用。大道至简，说到底，我们只需要在直观感应的心理反射之后建立一道理性分析的防火墙，不说可以料敌先机、反制他人这样逆天的表现，至少，我们足以保护自己不受伤害，留给我们足够的时间去发掘真相。

性格与外在表现的二律背反，大多数人听到这个论断，难免会觉得很陌生、也很拗口，但若是换个说法，大智若愚、大巧若拙、大奸似忠、口蜜腹剑、笑里藏刀、假仁假义……这一串词下来，相信大家绝对不会觉得陌生。

有人或许要问了，既然有了更通俗的提法，为什么还要用那拗口的说辞呢？西方心理学的诞生，不过 300 多年，传入中国，正式成为一门独立的学科，才不过 20 年。相较于我们几千年的文化统系，说心理学是一个新生儿，还是勉强拉上西方心理学的发展来算的。这么一个稚嫩的新生学科，除了学术专著以外，能提到它的机会实在少之又少，更不用说实际应用了。然而，东西方哲学的碰撞，人类文明的重心西移的大趋势又令我们不得不向西方看齐，就算我们自己心里明白，用自己的哲学体系也能够论证这些人类行为及心理活动规律，也得穿上洋装，顺应大时代潮流。

行文至此，曾经数年而百思不得其解的一个命题：为什么心理学在中国遭遇尴尬，也豁然有了答案。与本篇的命题有相似性，我们也只看到了西方心理学的繁荣表象，却未曾去深思移植过来后，由于文化土壤的不同，会不会是"橘生淮南则为橘，生于淮北则为枳"呢？

虽然我们分析揭露了性格与外在表现的二律背反的事实，但却完全没必要悲观。从生物学层面来看，伪装也只是一种生存手段，动物将自己伪装成植物，如枯叶蝶、竹节虫等，是为了迷惑天敌；有趣的是一些神奇的食肉植物，它们也有各种各样的伪装，如猪笼草，它的叶片之间悬挂着的一个个瓶子，就是捕捉小昆虫的陷阱。千万年的进化过程中，动物植物为了生存，发展出了伪装的本领。同样，具备高智商的人类，在一万年以来的文明进程中，也发展出了伪装。这不是什么要大批特批控诉指摘的大错处，只是一种现实存在。而我们要做的，只是认识它、正视它、然后认真分析它。

大奸似忠、色厉内荏、表里不一、口蜜腹剑，这些听起来就让人不寒而栗，也显得莫测高深，运用心理学中的理性分析工具，细细剥啄，原来也只是外在伪装的几种表现。奸邪与忠诚、坚强与脆弱、善良与凶恶，这些相互之间极端对立的特性，却同时出现在一个人身上，不可思议吧？但却有规律可循，那就是看结果，西方哲人曾说，看一个人，不是听他说了什么，而是要看他在做什么，他的行为会将他真实面完全展现出来。这里，我们要更进一步，看一个人，不能看他说了什么，也不能看他现在做了什么，而是要看他的行为导致了什么样的结果。民国时期的大汉奸汪精卫，其本人温润儒雅、风度翩翩，青年时代更曾追随孙中山，是同盟会的元老。他以坚定的革命者的面孔出现在大众面前，很是赢得了一批追随者，然而谁也不曾想到，这个一贯以国民党左派领袖出现的革命者，却在抗日战争期间成为了国人唾骂的大汉奸。

后人研究分析，汪精卫虽然是最早追随国父的革命者，也曾策划刺杀

罕见的汪精卫签名戎装照

清廷摄政王载沣，但其个性当中，隐藏着极深的自卑怯懦、寡断少谋的特性，从而注定了他后半生的悲剧。

从一个最初的坚定革命者，到后来的投降派卖国贼，汪精卫的一生恰恰走了两个极端。我们从他的回忆录中不难看出，出现这种矛盾的现象是有其根源的。汪精卫幼年时期家境很复杂，其父也是一个极好面子，打肿脸充胖子的人。少年时代，父母离异，他依附着哥哥嫂嫂过生活，生活无法自主不说，还得仰仗他人鼻息、看他人脸色，长久以往，形成了他怯懦自卑的个性。又因为挣扎生存的需要，他的伪装本领也着实修炼到家。再加上些许文采，青年时代，事业上升期，他确实算得上走过了一段辉煌期。然而性格是有稳固性结构的，当他的境遇从从属地位转为主导者地位——成为国民党领导层时，在来自外界和自己心理上的巨大压力下，他成名以后压抑或说自我埋藏于潜意识当中的怯懦自卑特性又浮现出来，悄然影响着他的行为。然而，公众们却由于他曾经的业绩，以及他革命者的标签，大多数没能意识到这一点，直到他投降日本，成立汪伪政权，令公众跌碎一地眼镜。

自然，盖棺定论，看人只看后半截，结果出来了，是非黑白也有了定论。但这不足以成为我们放任自流的理由。魔鬼藏身于细节当中，运用理性分析的方法，虽然不至于能够预知日后的大事，但提前做出预防还是能够的。尤其是应用到日常生活当中，很多时候，我们只要掌握了"二律背反"这四个字，许多看似极具欺骗性的行为，都能让我们窥探到真相。譬如极度的自傲背后掩藏的是极度的自卑、愤怒的背后掩饰的是心中的恐惧，这些现象，可以用物极必反来形容。如果一个人在行为上表现得极端了，那么，很不幸，他的真实心理，是这种表现的对立面，如极度的自傲、目空一切，那他真实的心理是极度的自卑，他需要依靠这外在的伪装来保护自己，自卑的程度有多深，他的外在对立表现就有多强烈。因此，明智的人在面对这样一群咄咄逼人的人时，往往是淡然处之、采取不理不睬的冷处理，这样的方式，会令对方更加怒不可遏，反应更加激烈，同时对其心理上所施加的威压也越来越大，直到最终压垮他心理上强撑起来的防线，其真实的面目就显露无遗。

愤怒亦同此理，俗语还有"凡以愤怒开始的事情必以后悔结束"。为什么事后要后悔呢？因为愤怒的时候，我们被"愤怒"的情绪劫持了，理性思维完全让位于情绪发泄，我们的言行几乎不受控制，这种情形下，所造成的后果往往是令我们后悔不迭的。故而，明智的人懂得克制，当愤怒的情绪来临时，停一下，问问自己：我为什么愤怒？愤怒能帮助我做什么？能解决问题么？问了这三个问题，相信再大的怒火都能渐渐平复。从深层次的心理动因上分析，我们之所以对某人某事感到愤怒，其实源于我们内心的恐惧：因为对方脱离了自己的掌控、偏离了自己的期望，同时他（它）还能轻易左右自己的情绪，潜意识先于我们的理智结构认识到这一点，于是心理结构当中的自我保护程序启动，让我们愤怒暴躁以掩饰自己的恐惧，从而对对方施加压力。

于大事上，性格与外在表现的二律背反这个论断，可以提醒我们从细节当中去窥知真相，从而做出预防；于生活交际当中，这个论断又能让我们保持理性，清晰破译他人真实的心理语言。去掉文学修饰的婉转，这样带有学科严肃性的论断反而更能引起我们的警惕呢。

第六章————06

解密心理动机

>>> 第一节
肢体语言泄露的信息

自人类发展初始，肢体语言即为一门世界通用型语言。

人与人之间的交往，尤其是与陌生人第一次接触，语言所能传达的真实意思实在是很有限，但是仔细观察，通过对方的肢体语言我们却能发现大量的重要信息。肢体语言是最诚实的语言，而且还是受潜意识支配，带有极大的隐蔽性，没有细致的观察力和系统理论的准备，是很难破译这类听起来玄乎其玄的信息的。

与语音语言不同，肢体语言是人类与生俱来的能力之一，最为人们所熟悉的七情：喜、怒、哀、惧、爱、恶、欲，除了通过面部表情表达出来外，四肢、身体动作还有十分丰富的补充叙述。当然，面部表达最为直观，"会看脸色"就行。事实远远没有这么简单，人的复杂的社会性注定了我们不能单从生物学角度来通过表情、声音来判定其心理活动。不然，灵长类动物面部也有丰富的表情，也能完整地表达七种情绪，那我们研究猴子猩猩的活动岂不来得更直接？人的智慧是这些动物们远远难以企及的，既然表情最容易泄露真实的心理，那就控制面部表情好了。《三国志·蜀志·先主传》："喜怒不形于色，好交结豪侠，年少争附之。"喜怒不形于色，内藏心机，外示豪爽，将一群头脑简单容易鼓噪煽动的后生仔收于旗下。可知这个控制力有多强，效果有多显著。这样的人容易给周围人造成错觉，聪明理智或是社会阅历丰富的人在与他们打交道时，听对方说话，要听他的话中话，看对方的脸色还要看对方的眉眼动作、手足动作、四肢摆放位置。研究表明，当一个人情绪有了大波动时，哪怕他（她）能很谨慎地控制面部表情，肢体的某些细微动作都会泄露其心境的改变，传达出其心理的秘密。

肢体语言，首先要提及的就是腿和脚的动作。根据行为学家研究表明：人的腿和脚所传达的语言最诚实。心理学家尤其是心理咨询师与前来咨询的人交谈时，他们绝不会选择常规形式下的桌面会谈模式，相反他们会选择全身面对面的形式，尤其是当面对一个沉默寡言、面部表情极为刻板的人，心理学家们会第一时间将目光投向对方的腿和脚，哪怕对方并没有说一个字。

通过这种观察，心理学家也能获得谈话对象性格的准确信息。仅就这时的坐姿而言：一般喜欢正襟危坐，两腿并拢微微伸向前方的人，其个性往往真诚胸怀坦荡；另一方面，这一类人也十分喜欢较真，无论对生活还是工作，都喜欢按部就班，或者说这类人拘泥于形式容易墨守成规，一部分人还有洁癖倾向。而那些敞开双脚，双脚前伸幅度较大的人，则个性外向，或者说有些大大咧咧，行事冒失得很。

还有一些人的坐姿是喜欢跷着二郎腿，这样的人对自己十分自信，也很懂得享受生活，如早几年好莱坞经典名片《原罪》里有一个很经典的镜头：莎朗·斯通面对着十几个警察，跷着二郎腿坐在椅子上抽烟，对面主审的是一个体型微胖的警察，他叉着双腿，后背陷入椅子靠背，就那么看着她。这个时候，莎朗·斯通的脚尖指向并不正对着对面的警察。显然，

莎朗·斯通主演的电影《本能》中的剧照

从心理学上来解析，她根本就没有将对面那群警察放在眼里，哪怕是在审讯中，她也要按照自己的节奏来掌控现场，同时还不能妨碍她享受生活。而对面那名警察显然就是个没有什么城府的冒失鬼。这样的对峙大约过了几分钟，主审警察清了清嗓子——注意，这是心理较量中落了下风的信号：为了扭转这种心理对抗上的劣势，警察不得不开口说话来挽回些什么，他拿出了警署条例，说："女士，这里抽烟是要罚款的。"莎朗·斯通瞟了他一眼，顺手从钱包里抽出了两张大面额钞票，接着又将一包烟扔了出来，说："这里有两百元，请你们抽烟。"在这个经典场景里，语言对白当然起到了画龙点睛的作用，但细心的读者还是会对双方的肢体语言的细节描绘津津乐道。尤其是一开始长达几分钟的沉默对峙，没有什么动作，但其中所传达的内容却是如此丰富和耐人寻味，将人的个性特征巧妙地揭示了出来。

值得注意的是，跷二郎腿的人，如果他们双腿交叠之后，一条腿紧紧缠绕着另一条腿时，那就是截然相反的信息了：这表明此人没有足够的自信，没有主见，经常犹豫不决。还有的人，坐着的时候喜欢脚尖并拢，脚跟分开，这种人也大多是优柔寡断型，而且内向不喜交际，更愿意独处，交际范围也只局限在自己熟悉和亲近的环境。那些坐着时，双腿随意前伸，并用脚踝交叉的人，则习惯以自己为主导来发号施令，而且嫉妒心也很强。还有的人坐着时，不停地抖着腿，用脚尖使整条腿抖动，这表明此人惯常以自我为中心，对他人很苛求，对自己却很宽容。

当然，完全将人的肢体语言破译出来，以本书的篇幅都不一定能说得完。上文我们只仅就一个坐姿，就能窥见如此丰富的心理秘密，何况其他的姿势？本章中我们要讨论的是人的肢体语言关于心理动机的表达部分。说起来，这部分内容在刑侦案件当中应用更为普遍，尤其是涉及犯罪心理学。这就是很严谨很精深的心理学应用领域了。本书中，我们只将关注点锁定在日常生活中普遍实用的心理学方面，故而抛开犯罪心理学中的心理动机不谈，只剖析生活交往、职场交际当中的目的性。

前面我们已经论证了人与人之间的交往，都是带着目的的，更多时候，这种目的是不会直接地在话语中表露出来，但是这并不妨碍我们解读对方的真实心理动机。如美国有一位很成功的推销员，他曾经在其畅销书中提到他之所以在陌生拜访式推销中获得极大成功，就是因为应用了通过肢体语言的解读来判断成交率：如当他在做完例行介绍之后，对方变换了姿势，站姿的人有的会侧一下头，有的脚尖方向偏了偏，那就表明对方对自己介绍的东西不感兴趣，甚至有些不耐烦，他希望快点结束谈话，这个时候明智的做法是礼貌告辞并对打扰对方表示歉意，等到下一次对方方便时再来拜访；相反，如果对方在听完介绍时，原本是侧着头的姿势忽然变成了正面对着，脚尖也正对着，那么表明引起了对方的兴趣，他已经有了购买欲望了，这个时候，聪明的做法就要继续跟进，将他的购买欲激发出来，促成他完成购买的动作。当然还有一些人，他们还会伴有其他的姿势，如抱着胳膊，表示拒绝，他有自己的判断力，很难为他人左右；叉着腰的人疑心、戒心都很重，对于这样的人要做好长期打交道的准备，而不是上来就直奔目的地。

动机对应着行为，有什么样的心理动机，就会产生什么样的心理行为。当然，因为这个词在刑侦案件当中出现得最多，本身就带有生硬严肃、壁垒分明的特色。一般情况下，我们不会用到动机一词来形容人的心理活动。

个性敏感，精于观察的人，他们会观察总结肢体语言所要传达的信息，囿于眼界和知识的精度和广度，这一类的总结只能在某一领域内给他们提供指导。随着西方心理学的发展，对人的肢体语言有了系统理论的阐述，这样人们就不必跟从前一样只寄希望于经过时间阅历的积累，来获得破译肢体语言的经验了。

有心人可以专程去找找这一类讲述人类行为心理学的著作，这其中又以近二十多年来美国人的成就最为显著。美国人对情报的重视是世界闻名的，与别国重视情报不同，美国人不怕别人知道自己在这方面的大投入和高成就。其中一个经过影视剧的卖力宣传，大名如雷贯耳的机构——FBI，他们可以算得上是研究行为心理学的急先锋。尤其是对人类肢体语言的研究，达到了一个令人惊叹叫绝的地步。正如我们一开始所提及，肢体语言是世界人类的一门通用型语言。美国人显然很看重这门语言的世界通用性，他们花了大力气去研究，也确实从中获得了丰富回报，有趣的是，这项出于政治目的的研究投入，也造福了全人类，让我们在"认识自己"这个古老传承的哲学命题上又进了一大步。

>>> 第二节
角色认同与代入，原来的个体心理结构失灵

> 人一旦将自己代入了某个角色，那么他在心理上就是无敌的。

德国心理学家古斯塔夫·勒庞曾在他研究大众心理学的一本著作中谈到犯罪群体时，有这样一段描述：攻占巴士底狱后，人们抓住了那位监狱长，愤怒的人们决定割断他的喉咙，而执行这项任务的则由一位不小心被那位监狱长在反抗中踢到的厨师来执行。这位厨师纯粹是干活完了后出来看看发生什么事情的酱油男，但这毫不妨碍，他在那种除暴安良的热血沸腾氛围中，将自己代入了一名爱国者和英雄的角色，哪怕他从来没有伤过人，他也坚定不移地相信割断对方的喉咙是正义的，他也应该出色地完成，由于众人提供的刀不够锋利，他最后不得不掏出自己兜里随身带的小刀来完成分割任务——毕竟他是一名厨师，切肉的活计一向很出色。这个案例无疑是群体教唆犯罪的典型，事例中的厨师处于一个暴力群体中，几乎在很短的时间就完成了角色认同与代入，这时，他原本的个体心理结构失灵，完全被群体心理所绑架，故而他能做出与他平时性格大为迥异的行为。

群体犯罪心理属于一个特殊的心理学研究领域。历史上动乱的时代，民众因为某个号召或某种共同利益诉求而聚集在一起，这时候群体暴力就成为一种被鼓励和赞扬的行为。在这样的群体中，人的个性几乎可以忽略不计，不约而同地表现出简单粗暴的心理共性。由此可知，个人在对这种身处群体中标杆角色的趋同和自我角色设定与代入会产生多么恐怖的能量。在这点上，应该为任何人所警惕，保持清醒的头脑，让理智分析横亘于情感结构之前。

除了从事演员这一职业的人，其余的人在应对这种群体行为裹挟时，免疫力实在是低下。为什么这么说呢？角色认同与代入，是演员这一职业的基本功，一个敬业的演员他一生中会尝试许多种不同的角色，尤其是那些演技派，他们可以出演各种各样的角色，最大限度地拓宽自己的戏路，秘诀其实只在于他们对于角色的认同与代入，几乎可以说是达到了炉火纯青的地步。然而，凡事有一利必有一弊，演员们的创造性发挥受到观众的赞扬与喜爱，不知不觉间，随着时间的推移，在演员的心理上，已经刻上了许许多多原本不应出现的印痕。"戴尼提"学说中，对这种潜意识里的不断累积的印痕，花了很长篇幅，不厌其烦地论述其对人未来可能的伤害。

几年前曾引起轰动的一部电影《南京！南京！》，讲述的是中日战争史上最惨烈的大屠杀事件。女主演高圆圆在影片杀青后，因心理问题严重到不得不寻求专业帮助的地步而淡出公众视线，时隔半年之久，在一次访谈节目中，谈及这部影片对自己的影响时，仍然心有余悸，她说那时的自己每一天入戏后，都觉得极度压抑，精神几乎达到了崩溃的边缘，她甚至一度在片场放声大哭。直到影片杀青后一连几个月，这些抑郁症的症状仍然没有好转。任何一名了解中国历史的人都知道，从1937年12月中旬开始，一直持续了6周的南京大屠杀事件，是日本侵略者对中华民族所犯下的一桩不可饶恕的罪孽，那一个半月的南京城，是人间炼狱！时隔70多年，几代中国人，甚至是完全没有亲见战争硝烟的 80 后、90 后两代人，对于这场大屠杀，其愤怒恐惧心理与前辈比起来都不相上下。在这样被摧残的民族心理基础上，以高圆圆为代表的演员们，在绝对逼真的场景里，很快就完成了角色的认同与代入，他们完整地从心理上体验了一次当时大屠杀阴影下南京市民的恐惧、绝望。以至于就算旁边有摄影师，他们理智上也知道这只是一场戏，但在潜意识中，他们仍然被这种恐怖又奇特的，由民族普遍心理与角色代入魔力二者共同作用的潜意识所牵引，很长一段时间都无法恢复到正常的生活状态来。据说，拍完这部电影后，几位主演不约而同地都有这种困扰，特别厉害的，不得不求助于心理咨询师，以求早日清除这些原本不应该出现的印痕，回到正常生活的轨道上来。

除了演员这种特殊职业以外，还有一群人，那些刚从战火纷飞的前线上归来的战士们，他们在脱离战场后，仍然没有从那种精神高度警惕，时刻准备攻击的状态中恢复过来，因而他们回到正常生活中，就常常显得格格不入，暴力犯罪事件也层出不穷。这样就形成了一个恶性循环，加上人们的不理解，疏远戒备这些人，更坚定了他们的攻击性。因此由政府和军方出面，专门设置了一个战后心理康复机构，面对这一群体提供心理咨询

电影《南京！南京！》剧照，表现的是日军屠杀我手无寸铁军民的场景

和帮助。实际上，这个机构的建立，其根本原理只是要让这些长期代入到战士角色、血腥战场环境中去的人完成自我意识苏醒，将个体心理从战争群体心理中剥离出来。

有趣的是，在和平年代里，还有一群人出于某种目的，故意给自己设定一个角色，以生活为舞台，十分尽职尽责地去扮演，这样的人展现在公众面前，是绝对的心灵强大的代言人。如前两年网络爆红的两位女士——芙蓉姐姐与凤姐，她们的每一次亮相和言论传出，雷翻一大片，杀伤力是无差别覆盖。按照社会普遍价值观，这两位女士绝对是过街老鼠人人喊打的典型，然而就因为她们强大的心理生存能力，将自己置于不败地位，以至于这两人在一片谩骂声中，越来越红火，出场率越来越高，赚得个盆满钵满——真可谓 21 世纪之怪现象。

仔细分析起来，这二位女士无一例外掌握了一个秘密武器——角色代入。她们在出现于公众视野之前，先给自己设定了一个自己的公众形象，而将真实的自我剥离开来，悬浮在上，看着那个设定的自己在公众面前演戏，观众的谩骂越激烈，她们就越开心。怎么回事呢？原来她们一直在心理上认为自己是一个伟大的演员，演好这个公众角色就是对自己这项工作的最大肯定。与前面所谈及的两种人截然相反，这种人能很清楚地分辨出自己所要扮演的角色与真实的自我之间的关系。她们在心理上已经是无敌的，那些谩骂和攻击言论，不管多么激烈，都不会在她们心理上留下印痕。就如同一个黑暗中的偷窥者，看着由自己主演的这一幕闹剧的表演：她们骂的是我演的那个芙蓉姐姐（或凤姐），这证明我的演出超级成功啊。

我们已经从正反两方面论证了角色认同与代入所产生的巨大威力。日常生活中，对于我们普通大众来说，上面所举例的三种极端现象固然不具有普遍借鉴意义，但也有聪明的人已经体悟到短暂的角色认同与代入的功效：如有一些临场发挥能力极为出色的人，他们在紧急状况下，能很快地镇定下来，进入到一种只可意会不可言传的境界，完全展现出与日常生活中截然不同的形象。这个时候，他们就是运用了这种短暂角色代入的技巧，瞬间抛却常规的个性，代入到一个心理更为强大，能力更为出众的角色当中去。由于剔除了正常社会生活中许多不必要的心理负担，故而往往能超常发挥，取得骄人成绩。更为难得的是，这类人在事后又能很快地脱离那个设定的角色，回到常规状态中来。这样就给周围的人造成一种错觉：他们就是一群天才，生来就有出色的能力。

当然这样的临场发挥也带有随机性，不可控的因素太多，明智的人不会为自己所取得的几次出色的临场发挥成就而得意忘形，他们会抓紧时间训练自己应付突发事件的能力。那些即兴演讲并获得巨大成功的演说家，他们都有一段刻苦锻炼演说能力、不断充实自己知识的经历，随后，他们又在平日里做足了准备，由此才有了一次又一次的出色表现。

有一些人认识到这种角色代入产生的威力，如一些曾经十分受热捧的成功学观点：像成功人士一样思考，想象自己已经变得富有。这一类观点绝对具有极大煽动性，也立竿见影，让那些践行的人在短短的时间内，可将自己代入到成功人士的角色当中，似乎也享受到成功人士的荣耀一般，在心理上获得极大的满足。哪怕这样的心理享受来自于虚拟，也能让这些渴望成功者沉迷其中。成功学也由此吸引了一大批的信徒，贻误民众。这不得不引起理智人士的警惕。

>>> 第三节
神圣化、反复灌输——绑架意识的手段

> 绑架意识一旦启动，除非立刻中断对方的进程，否则结果不会改变。

　　思考，尤其是理智分析，需要一个暂时封闭的环境，即暂时性地切断对外联系。故而善于思考者喜欢独处，或是闹中取静，在心理结构之外，建立起一道拦网。因为，人的社会性当中，还有一个属于种族遗传的特性——从众性。也就是说，当有两个人以上时，除非个人的自我意识强烈到要凌驾于所有人之上成为首领意识，否则，不管他是否愿意，他都会不由自主地妥协和服从。对于这种现象的认知，早在心理学成为一门正式学科之前，人们就已经注意到了，并且利用这种群体盲从性，巧妙设计出了绑架群体意识的手段，以实现个人或某个利益群体的首领意志。

　　神圣化与反复灌输，是绑架意识的两大充要条件。二者缺一不可，我们梳理人类文明发展史，无一例外地发现，在人类历史上，任何一次暴力或者非暴力群众事件，其首领层都应用了这两个绑架群众意识的手段。不管他们如何伪装，其行为动机都指向了这两个方面。

　　世界名画《自由引导人民》，以视觉冲击的形式非常直观地例证了这

法国画家欧仁·德拉克罗瓦为纪念 1830 年法国七月革命而创作的油画
《自由引导人民》

个观点：风起云涌、硝烟弥漫的战场上，一位上身半裸，左手持枪，右手高举旗帜的壮硕女性成为画面主体。地上尸横遍野，女子的脚边是一名伤者，哪怕他没有力气站起来，但也丝毫不难看出他以热诚向往和崇敬的目光仰望着女子，前倾的身子代表了他急于响应号召，想要再次站立起来的急迫心理；画面远景是一群面孔不甚清晰的群众，无一例外地高举着手中的武器，面朝前方，画面左边是两名络腮胡子的成年男性，一位单手持刀，一位双手持枪，同样地对那名女子行注目礼。在右边还有一位青涩的少年，他持双枪，其中一把枪还枪口朝天，很显然以枪声为令，无声胜有声，画面上仿佛响起了一片冲锋呐喊声。当那名女子高喊出"为了自由！"的口号时，战场上群起响应，呼声震天，枪声、喊杀声响成一片。这是一个以崇高理想武装起来的革命场景中的一幕。后来人哪怕没有经历过那样的场景，只是看着这样的一幅画，都情不自禁地觉得热血沸腾，恨不得跟在那位象征自由女神的女性领袖背后冲锋陷阵、抛洒热血才好。

在这幅画面里，因为是视觉形象为主要表现手段，故而在绑架意识手段里，最为突出的就是意识神圣化，"自由引导人民"的这个主题，就是神圣化点题。然而，要注意的是，所谓意识的神圣化，并非是天马行空地胡乱编造出一个玄乎其玄的概念，而是要贴合大众心理中潜藏极深的愿望，稍加美化和提纯，形成一个简单明晰的概念，这个概念可以说是口号，也可以说是某种主义的几个关键名词。如这幅名画里所提出的"自由"，无分民族，无分老幼，无分地域，要生存权，要自由，这是人生而渴求的，也是阶级壁垒下，又普遍被束缚而不可得的。故而此口号一经提出，便能在第一时间得到普遍认同，在这一普遍认同的基础下，人的从众性又令参与其中的人一致完成了口号神圣化的最后加工。同时在行动中，这个口号经由领导者（首领阶层）呼喊出来，后来者附和，又完成了不断重复的过程，于是，水到渠成的，绑架意识的两个充要条件成熟，群众意识成为了首领意识的俘虏，此时，不管前方是如何艰险，随时有失去生命的危险，众人都会毫不犹豫地冲、冲、冲！凭借本能中激发的暴虐杀戮因子，与敌方疯狂地绞杀在一起。

绑架意识的过程，没有明确的时间限制，也许是几十年，也许只是几句话、几分钟的工夫，关键不在于时间的长短，人群的多寡，而是在于意识神圣化的契机以及反复灌输的力度。这又与时代大环境、群体共性——或说是民族特性有关。我们中华民族的历史有一个很有意思的节点，那就是在秦朝以前，所有的暴力革命都是由位居统治地位的上层阶级发动的。

仅有的一个奇葩是公元前 841 年，西周都城镐京所发生的国人暴动，是一起以平民为主体的要求政治权益的革命运动。然而此平民非彼平民，西周在历史上处于奴隶社会的成熟期，生活在社会最底层，并承担普遍繁重劳动的是奴隶阶层，他们的地位比牲畜还不如。平民事实上属于最下层奴隶主，他们享有参与议论国事的权利，对国君废立、贵族争端仲裁等也有相当权利，同时有服役和纳军赋的义务。参加暴动的主体，严格地说，仍然是基层统治阶级。

直到秦二世元年，公元前 209 年秋，爆发了由贫民阶层陈胜吴广领导的农民起义，中国历史上这一由统治阶层主导的暴力革命传统才由此被打破。从此以后，由陈胜提出的"王侯将相宁有种乎"这一神圣口号就成为历代农民起义层出不穷的导火索。史学家司马迁在他的划时代史学巨著《史记》当中，对这一事件有着极其详尽的描述，并且毫不掩饰对陈胜吴广二人的赞誉，后世统治者对着这样一本文学价值、史学价值都达到巅峰的著作可以说是又爱又恨，既爱它空前绝后的史家之绝唱、无韵之离骚的价值，又恨这样的开启民智的东西："王侯将相宁有种乎"，起来搏一搏，拼着性命搏一场公平与富贵。这颗种子一经种下，一有合适的土壤空气，就会激发被统治阶级暴动反抗运动。

自公元前 209 年口号提出始，至公元 1864 年太平天国运动结束，将近2000 多年的时间里，农民暴力革命皆以此口号为指引，在时间上、影响深度上，无愧于吉尼斯世界之最。当然，对于西方人来说，没有对中华文化传统的深刻认知，他们会对这一口号的神圣性表示怀疑——毕竟王侯将相，属于世俗统治中的政治符号，以希腊罗马文化为核心的西方文明，其封建时期是以宗教为代表的神权凌驾于王室所代表的世俗皇权的。这一点与中华文化有着本质的区别：在中国，自夏启夺权，世袭制取代禅让制，统治阶层一直宣扬的是君权神授，将帝王统治与神权的威慑结合起来，随之而来，辅佐帝王的王侯将相也是天上的神仙下凡，转世来辅佐紫微星转生的帝王。故而，世俗中的帝王将相就与神权合二为一，农民起义以"王侯将相宁有种乎"为口号，实际上就上升到了神权的高度，不知不觉中就披上了神圣化的外衣。

20世纪初，美国的心理学家针对这一现象专程设计了一系列实验，用于研究在一个隔离封闭的环境里，统一的生活节奏，一致的口号与仪式，不断重复的观念灌输，对人产生的影响力。一个多月后，研究者们发现这个群体的集体表现居然如同二战时的纳粹党卫军。譬如：他们坚定地维护着群体的统一信仰，不管在什么场合都完整执行着与之相关的仪式，且对外来者或是表示怀疑和反对者表现出极大的敌意，即使对方是自己的亲人和朋友也不例外。这一切都显示了群体意识被绑架后的特征。可以说，在学术研究上，通过有意设计的实验来揭示这一群体心理学现象，是美国科学家的首创。当然，特例特论，阿道夫·希特勒统治下的德国，举国都陷入一种狂热，以至于引发了一场影响全世界的战争，这已经可以单独成为群体心理研究的一个大课题了，故而我们也就不在这里做浅尝辄止的讨论了。

而我们国人在应用绑架群体意识这一规律时，有时却达到了炉火纯青的地步，我们就拿民间出现的，中国所特有的"传销"现象来分析。传销是经由国外传入中国的"直销"模式的变种，外国人想破了脑袋也弄不明白，为什么一种十分成熟且被证明十分健康有效的营销模式到了中国，却能够如病毒扩散一般形成那么恐怖的一个诈骗集团。

从民族心理层面上来分析，我们不得不说，一些朴实淳朴的国人，其对财富的渴望压倒了一切，这种情况很容易被一些别有用心的人利用，他们虚构了一个个财富榜样，通过不断地重复灌输，用一个个成功励志事例来鼓动，尤其是通过人盯人的形式形成了一个组织极为严密的封闭式环境。说得更为直白点，传销组织人员对这些人进行了洗脑，使大家陷入一种快速成功的疯狂幻觉中，其结果是不单单将自己的积蓄都贡献了出来，还将自己的亲朋好友都拖了进来。直到被捕，他们也不觉得自己触犯了刑法。值得庆幸的是，近些年来，随着一个个重大传销案件的告破，人们也提高了警惕，当接触到这些通过煽动群众，反复灌输快速致富理论的个人或组织时，人们在第一时间会反问：是不是传销？这可以说是民众自我保护意识的一大进步吧。

心理学与任何社会学科、自然学科一样，其本身不带感情偏向，重要的只在于如何运用。绑架意识的手段，运用得好，可以推动社会的进程，运用得不好，可以给人类带来大灾难。从前只是蒙昧中有所意识，如今得益于心理学理论的成熟，可以系统性地认知，这何尝不是我们这一代人的幸福？

>>> 第四节
死亡驱动力下，不同人的反应

> 在死亡驱动力下，人类积极活跃的行为，目标直指"不朽"。

伟大的教育家，被誉为"错过了他，中国就错过了 100 年"的胡适先生，在他颇负盛名的哲理散文中，用了庞大的篇幅来探讨人生，其中最重要的一块就是关于中国人思想中的"不朽"观念，文中有一段立论，可谓是胡适先生关于人生不朽意义的经典论述：

　　据《左传》记载，公元前 549 年——即孔子不过是两岁大的孩子的时候——鲁国的一个聪明人叔孙豹曾说过几句名言，即所谓有三个不朽："太上有立德；其次有立功；其次有立言。虽久不废，此之谓不朽。"同时，他举了一个例子："鲁有先大夫曰臧文仲，既没，其言立。"[12] 这段话两千五百年来一直是最常被援引的句子，而且一直有着重大的影响。这就是一般所谓的"三不朽"，我常常试译为"三 W"，即德（worth）、业（work）、

---

[12] 见《左传》襄公二十四年。

言（words）的不朽。三不朽论的影响和效果是深厚宏达而不可估计的，而且它本身就是"言"之不朽的最佳的证明。

中国传统价值观认为，人之所以可以称为不朽，要看他是否在立德、立功、立言上做出贡献。这个认知比西方哲学里探讨人生意义的论题要深刻得多，毕竟代表东方哲学主体思想的中国哲学，给出了已经通过践行和历史验证了的解答，西方哲学却仍然处于一种开放式求解的状态，说得通俗一点，就是公说公有理，婆说婆有理。今天我们用更直观的名字"死亡驱动力"，新瓶装旧酒，来探讨人类社会这个几千年来传承的命题。如果一定要说有什么新意的话，只能说，以胡适先生提出的普世"不朽"论为出发点，有伟大的"不朽"，也有遗臭万年的"不朽"；有声名显赫的"不朽"，也有寂寂无闻默默奉献的"不朽"，"不朽"的标准不再是以社会普遍价值标准的尖端来衡量，而是以其对人类社会、未来走向所发生的影响来衡量。

人终有一死，从出生那一刻始，这一条死亡之路，每个人都必须走，中间没有暂停，没有快进，也没有慢放，更没有倒带。除了浑浑噩噩、自甘堕落、自我放弃之流，大多数有清醒自我意识的人，都会对自己的人生做一番规划，不论这个规划来得是早是晚，都意味着从这一时刻开始，他（她）认识到了生命的短暂，想要在有限的生命里做一些力所能及的事情，或者说想要在死亡来临时，回顾这一生，不留下遗憾，不觉得悔恨。对于这些人，也就是从这一时刻开始，死亡驱动力开始发挥其巨大的动能，推动着人主动积极地改变自己、改造世界。与胡适先生的不带丝毫感情色彩的"不朽"论一样，死亡驱动力也不带有任何感情偏向，换一句话说，人类也只是宇宙中碳水化合物组成的一种生物，又凭什么要求整个宇宙要以人类的意志、人类的喜好为转移呢？

占人口绝大多数的农民，是典型的小农阶级意识主导群体，关于人生、社会的认知，是从传统士大夫价值观里延伸出来的一个分支，理论不够系统，亦不够严密。但不可否认，在漫长的历史长河中，这种小农阶级意识主导的人生观影响也最为深远——以求得生存的"温饱"为核心，以种族延续为使命，故而，在面对几十年后的死亡结局时，表现在外，大多数中国农民以勤奋劳作、经营土地为主要行动；表现在内，以多子多孙、数世同堂为最高理想，由此诞生了中国所特有的"族谱"文化。

在这些朴实的中国农民心中，自然的生老病死只是人一生要走的过场，典型的朴素乐观主义心态，生、死、嫁娶都当作人生中的喜事来办，寿终正寝的老人，办丧事称之为白喜事，亲朋好友聚聚一堂，谈论着死者生前的功德和贡献，除了宗教仪式中超度仪式里需要象征性的哭灵，其余时候，亲友们都是心情愉快地忙碌着。因为他们深信，高寿的死者故去后，有福荫后人的神力。如果正赶上死者的后人——特指男丁，人数众多，那这场丧事就更要大办特办，棺椁衣衾、酒席宴客、僧道超度、孝子贤孙穿麻戴孝都成为炫耀家族实力的手段。而死者生前，甚至是早几年，就要将这些丧礼上所需的东西准备好，积攒下专门的款项。整个家族将这件事当成一件大喜事，郑重筹办。从这层意义上来说，我们中国人，尤其是汉族，又是世界上最乐生乐死的民族。死亡对人们来说，是完成一个轮回，既是终点，又是起点。只要在死亡来临之前，完成了多子多孙、经营好家业的两大责任，也就可以毫无遗憾地坦然赴死了。有些人虽不曾意识到这是"不朽"的功绩，但于后世子孙，其族谱功业上会留下重重一笔，也算得上是小范围的"立德""立功"了。

和平环境里，中国人的这种朴素乐观主义生死观推动着社会的发展，也维系着整个社会的和谐。然而，乱世人命如草芥的年代里，人的生命时时受到威胁，社会经济也遭受到了极大破坏。死亡驱动力便异化为时刻面临着死亡威胁，于是，为了维护自己的利益，人们奋起反抗，悍不畏死。风起云涌的历代中国农民起义就是最好的明证。这个时候，朴实勤劳的中国农民转化为冒险者，对他们来说，参与到战争中去，是一种投机，战场上拼搏杀敌，拼一个够本，拼两个赚一个；另外，战争也意味着社会财产的再分配，一夜暴富不是梦，这些都促成了他们轻视生命的特性。可以说，战争机制下，死亡驱动力变异了，由和平年代里的平缓动力转变为混乱社会里的暴力刺激。在这样的情形下，个人只能紧紧跟随时代大潮流，所谓的杰出人物，也不过是时代潮流下的"颠倒英雄"或"播弄豪杰"。整个社会以若干首领意志为代表，形成若干统一的群体心理特征。

相对于占人口 90% 以上以小农阶级意识为主导的农民，知识分子阶层因为有机会系统深化地学习人类文明的成果，故而眼界更为开阔，世界观、人生观、价值观体系也更为完善。这样的人群，其关于人生价值的思考，以胡适先生的"三不朽论"为代表。他们也是人类文明中的精英阶层。死亡驱动力虽也对其发生影响，但绝不是唯一动力。和平年代里，他们投身于自己所认定的事业，忽视生活的享受和单纯财富积累，而以全部生命力投入到学术研究与科学创造中去。这样的状态，因为他们自身的强大意志，只要有一方小的合适天地，就能隔绝外界影响，从而专注于自己的事业。与小农阶级意识主导的农民阶层不同，学者精英和科学家们受大环境影响较小，死亡驱动力的影响只淡化为时间紧迫，让他们尽可能压缩生活琐事所占用的时间，从而集中精力进行学术研究和科学创造。与其说他们为死亡所驱动，不如说他们是在跟死亡赛跑。这样一群人是可敬可爱的，他们的生活纯粹，目的明确，如希腊数学家、力学家阿基米德，对待闯入他家

阿基米德与罗马士兵

中的罗马士兵，他第一时间不是担心自己会被这些侵略者杀死，而是担心自己的一道算术没有做完，他对罗马士兵说："请等一下再杀我，让我把这道题做完。"在这样一群伟大又可爱的人眼中，死亡只是一个令人不愉快的中止符，如果能在自己完成手头工作后再迎来它，那他也就没什么不乐意的了。

我们现在所处的时代，是一段宝贵的和平年代，物质文明极大发展，精神文明也有了翻天覆地的变化。社会普遍层面上，温饱问题得以解决，小农阶层意识里，多子多孙、养儿防老的传统价值观受政策制约、房价制约逐渐被打破，积累财富的速度赶不上儿孙啃老和通货膨胀的速度，一切曾经在死亡驱动力下，普通民众为之奋斗的两大人生目标都发生了转移。因为缺失了长久目标指引，一些短时间内的投机、只顾眼前利益的短视行径成为主流。物欲横流，价值观里也以现世享乐主义为主，造成了一段时间内的物质繁荣，却留下了精神文明的隐患。

面对死亡，一些人不再淡然处之，不再将其视为一个轮回的结束，和一个新旅程的开始；而是将其一生当做赌徒唯一的赌本，赔了，赚了，到最后那一时刻来临，仿佛都与自己没有任何关系；既然是这样，那为什么不豪赌一把？为什么不该挥霍就挥霍，该享受就享受？想要做什么就赶紧去做：成名要趁早，就算是骂名，那也是成名，那也会带来名人经济效应。当前，有这些想法的人不在少数，与之相对的则是社会上出现了一些乱象，哗众取宠的丑角也愈来愈多。这不得不说是死亡驱动力失衡的一种社会病态表现。

第七章————

社会心理症候群透视

07

>>> 第一节
向外界寻求安全感——无解

> 安全感只是一种阶段性错觉，一劳永逸的安全感从来都不存在。

　　如果笔者不将这个命题提出来，想必很多人会一直将安全感当做一项行为参考标准——决定与某人交往或是加入某一团体的标准。日常生活中，听得最多的，如朋友之间，尤其是异性朋友间，他们评价对方时，会说："他（她）让我很有（没有）安全感。"根据这个判断，他们会决定是否有必要和对方深交。怎么？认为只有女性才需要安全感？这种评价只有女性对男性的评价里才有？那可就有点自欺欺人了，人类需要安全感，从我们还在母亲子宫里时，寻找安全感已经是一种生物体本能，母亲的心跳，温暖的羊水包裹，甚至是父母轻抚肚皮与胎儿所做的交流，这些都能让我们有安全感，是维护我们顺利成长的必要因素。

　　出生以后，3岁以前的孩子仍然表现出强烈的依赖母亲的特性，也是因为在母亲子宫中形成的寻找安全感定式。母亲的体温、心跳、气息都是他们觉得安全的因素。因此很多小孩子在一岁之前除了妈妈以外，任何人抱她（他）都会让其狂躁不安。哪怕他们是在入睡状态，只要没有进入深层睡眠，一旦别人接替母亲抱过来，他们就会立刻条件反射地惊醒过来，大哭大闹表示抗议。可见他们寻找安全感的执著。医学上也发现，儿童在生病期间，由亲人特别是母亲抱着，温柔耐心地哄拍安抚，会增强孩子的抵抗力，加快疾病痊愈。这也是通过给孩子增加安全感，令他们放松下来，调动机体免疫力抵抗病魔的应用实例。

　　孩子长大以后，有了性别意识区分，尤其是男孩子，会自觉或不自觉地隐藏自己。但寻求安全感的天性依然深刻影响着他们的行为，只不过由于文化传统、社会环境的制约，不再表现得那么直白，社会给男子的定位是坚强、有力量，去保护弱者。故而，他们的安全感诉求被这种社会普遍价值标准压抑住了。所谓"刚不可久，柔不可守"。本能的诉求一旦压抑过度，达到某个临界点时，就会爆发出来。民谚有云："男儿有泪不轻弹，只是未到伤心处。"算是这种现象的一个佐证。如同婴幼儿时期孩子多从母亲身上寻求安全感，成年以后的男子在寻找伴侣时，潜意识当中也将那种与母亲相似的气质，让自己觉得舒心和亲近的安全感的评判标准代入进来。

　　反之，女子在寻找伴侣时，对异性的概念源自于 6 岁以后父亲的角色占据主导地位后的示范，由父亲所带来的安全感印象深深烙印进她们的心理，渐渐转化为深刻印痕，被写入加密档案，封存在潜意识库里。成年以后，一旦符合了解密触点，这些深刻印痕就会立刻激活，左右着她们的判断。这一点在《戴尼提》学说里有详尽的描绘。西方心理学普遍将这两种现象归结为恋母情结、恋父情结。在本书中，我们不采用这种归纳总结法，只从最深层次的心理动机去剖析人类行为。毕竟如果按照西方心理学家的划分，我们还要考虑伦理学的影响，而一旦牵扯到伦理学，就不得不详细分析社会普遍价值标准，这对于我们深入挖掘人类心理规律的目标宗旨，显然是将事情复杂化，多做无用功。

寻求安全感的本能源自于幼时对母亲的依恋

需要安全感，这是生物体的本能，生物体趋利避害的行为也是这种本能的驱使。但人类与动物的这种本能又有巨大区别：高等智慧的人类会总结经验、归纳推理、抽象提炼，尤其是人类语言的发展，将这种感知世界、描述世界的能力，拓展到了巅峰阶段。如此，就算目不识丁的文盲，跟他们说安全感，他们也立刻就能将自己在这方面的感受联系起来。关于安全感的沟通，克服了语言障碍后，不同民族，不同年龄，不同阶层的人之间都不存在障碍。需要安全感也同人类需要空气、水一样顺理成章。

魔鬼往往藏身于细节中，越是这样大家都自认为理解了的东西，越容易被忽略，不去深入分析它的原理和对人类心理所施加的影响，直到心理问题越积越多，严重到呈现病态时才仓皇失措，这是我们要提高警惕的。

我们都需要安全感，这一点毋庸置疑，问题是当我们自青少年叛逆时期开始，父母的绝对权威被打破，我们也不再依赖从父母那里获得安全感——除非极端情况下，人在遇到危险或是突如其来的惊吓时，第一时间就想要回到妈妈身边，所谓"哭爹喊娘"，形容的就是这一特殊时期的下意识反应，这其实还是婴幼儿时期心理印痕被激活时的行为。

长大后，离开父母的保护羽翼，社会的险恶与人心的复杂一度让初始步入社会的菜鸟们极度缺乏安全感。可是，这时安全感却不像空气和水那样被大自然慷慨地提供给我们，我们的需求却是那样的紧迫，于是就因此诞生了饮鸩止渴似的短期攫取安全感的行为。这个时候，哪怕是陌生人、或者干脆只是一件物品，都能成为人们短期填补安全感的替代品。如现代都市里家居生活用品中大受欢迎的抱枕，尤其是女性朋友们，她们对抱枕的偏爱丝毫不亚于一件漂亮时尚的衣服。城市里，高楼大厦所隔绝出来的人与人之间的壁垒自不用我们再来详细描述。抱枕无意间竟成了孤独寂寞的人获得短暂安全感的绝佳道具。回到家里，往沙发上一坐，将抱枕抱在怀里，刹那间就觉得身心放松了下来。就是这么短暂的一刻，心理上的安全感得到了安抚，可以让人紧张的神经得到休息。

当我们走向社会后，一直都在自觉或不自觉地寻求安全感：找一份高薪工作，买一栋房子，多赚点钱，找到自己的另一半建立一个家庭。在这些行为的背后，都有寻求安全感这一心理规律来推动的影响。然而大千世界，万丈红尘，又恰恰是这些行为最终验证了安全感不可能经由这些行为实现。当然，我们不能武断，这里所说的安全感，是指可延续的，在很长一段时间都能保障个人心理对安全感的期望值。希望靠求职来获得安全感，自然存在很大变数，公司经营状况、上下级关系、同事间相处、经济大环境下政策影响，这些都是不确定性因素。故而，靠寻找一份工作来增加安全感是不可能实现了，由此诞生了职场上特有的"袋鼠"一族，他们跳来跳去，也是因为他们没有安全感，但又不肯放弃寻求最大安全感或最终安全感的初衷。

至于依靠房子来增加安全感，就更是一个大笑话了。我们只有土地使用权没有所有权，所谓的自己的房子，只是买了一个70年的使用权。中国的建筑浪费居世界之最，英国平均建筑年龄是110年，美国是90年，而中国，只有14年。也即是说，我们根本不一定等到70年使用权完整行使，很可能住上个十来年，马上来个拆迁规划，推倒重建，我们拿到的补偿金,还需要再贴上一半积蓄[13]才能购买到一套新的住房。在这种情况下，安全感又从哪里来？

再来说赚钱，赚钱这个概念毕竟太笼统了，或者说干事业吧。现在国内的情形是干实业的，利润率都不到5%，远远低于炒房或者虚拟资本市

---

[13] 以中等城市普通工薪阶层生活水平估算。

场上的投机收益。21 世纪以来，中国在世界范围内，逐渐失去了制造加工业上的人力成本、土地、原料低廉优势，前几年沿海地区大批出口企业的倒闭潮是最好的脚注。一个国家的经济繁荣，如果不是建立在基础设施建设和实业上，那就是一座空中楼阁。从某种意义上来说，房地产业成为了一种变相的吸金器。近一段时间，一些精明的大佬们已经预感到危机的到来，纷纷从房地产市场撤资。在这样的情况下，做哪种事业能赚到钱？这的确不是危言耸听，而是我们所处的时代里严峻的事实。除非有金手指的出现，来改变这不合理的经济布局，否则，绝对是无解。

至于从爱情、家庭中寻找安全感，我们必须承认，一定时期内，这是人生最值得期待和最美好的目标。家是安全的港湾，相依为命、相濡以沫的两个人在外面觉得累了、心伤了，可以回到这里来疗伤，寻求安慰。无疑这是人类情感世界里最美妙的期待与体验，然而，这样的安全感与大环境比起来，仍然显得那么脆弱。身为社会基层细胞的我们无力改变大环境，唯有拼命守护这一个小小的港湾，获取片刻的安慰，仿佛只有这样，我们才有勇气走出家门，去面对外面的风风雨雨。

安全感从来不是绝对的，事实上我们也找不到绝对的安全感，人生的每一个阶段，我们努力寻求，为自己构建安全感，只是为了下一步路能鼓起勇气坚定走下去。而这种安全感，从外界寻找，或寄希望于他人，是一个无解的局。真正的解，依然要在我们的内心中去求得。

>>> 第二节
集体原创力缺失——功利和献媚的奴性是刽子手

> 要原创力却不给思想自由，就好比掐着脖子硬逼人们唱歌一样荒谬。

　　三年前，文化产业作为新时代十大动力产业之一的提法为人们所津津乐道。随后而来的各种政策的倾斜也证明了这一点。然而，文化产业的实际发展情况却令人大吃一惊。根据去年的十八届三中全会所公布的报告称，文化产业原创力缺失，产能过剩，尽是剽窃和抄袭。这一记闷棍打得所有从事文化产业的人半天回不过神：集体原创力的缺失究竟是谁之过？

　　从事文化事业的人，有一个很有意思的提法，那就是说到自己的行业的时候，总是会说"我是搞文化的"，久而久之，说的人多了，也就将这个词变成了中性词。前不久，有媒体评论重新拾起"搞文化"一词。认为现在的文化行业，尤其是出版行业中，大都有一些目光短浅的利益投机者，哪种题材稍微一热，一拥而上，粗制滥造、重复浪费也不管不顾了，只要能赶着捞上一笔就行，至于图书这种古老文化载体，投向市场后的后续反响和一系列的读者群心理影响就不是他们考虑的范围了。

　　搞文化，就是有利益就上前搞，苗头不对立刻撤，媒体评论称"搞文化"

创意 3D 画展

一词形象地指出这帮子文化人实际上就是"嫖客心理"，剽窃抄袭是最快的抢占市场捞钱手段，谁还会顾忌有没有原创力？如此一来，在国内图书市场就出现一个很奇葩的现象：一旦某种选题受到读者青睐，几乎用不了一个月时间，同类产品不同版本立刻蜂拥而上，造成出版资源的浪费先就不说了，随之后续来的模仿抄袭，对市场形成集群攻击效应，用不了半年的时间，读者就腻烦了，曾经的热门题材也就成了冷门。

　　很久以来，图书作为文化的重要载体，还兼具收藏价值，家里有一个书柜，上面分门别类摆满了书，这是令主人自豪的一件事。如今面对市面上品种繁多，数量庞大，竞争之烈堪比白菜价的图书，人们冷静了许多，也理智了许多——读者不是那么好忽悠的。随着读者群心理的这种转变，图书行业的所谓掘金期也就彻底结束。行业大洗牌的残酷在于，长达几年的市场无序竞争、忽视质量但求数量、原创力缺乏，导致了出版资源的极大浪费：一方面是图书销售等于卖纸；一方面是短视的利益追逐让内容提供者（这里不说作者，是因为很多时候稿件是经由攒、拼、凑的剪刀加糨糊的模式来的）耗费时间和精力做流水线低技术含量的加工，而背弃了图书之所以产生的本源。

须知，图书与一般性商品不同，它不仅仅具有商品的特性，更是人类文明的载体，它所产生的效益是直接体现在作用于人类的心灵上的。一本好书可以影响人的一生，一本粗制滥造的书同样也可以影响人的一生，只不过其结果是两个极端罢了。文化事业战线上的同仁，若是没有战战兢兢如履薄冰的谨慎，没有传播文化、造福人类的信仰，没有对经由自己手中所出的片纸只言负责的担当，无论是图书出版还是影视制作，那带给社会的危害比明火执杖的打劫放火还严重。为功利心迷蒙了心眼，急迫的献媚，短期利益的刺激，让这些原本从事着人类最神圣、最崇高的事业的人变了性，导致的严重后果就是——集体原创力的缺失。这还只是其中一个方面，在经历了十年无序竞争，资源浪费后，如何割除这个让大家感觉到疼痛难忍的恶性肿瘤才是最令我们痛心难受的。

痛批了乱象，我们回过头来整理思路，那么，怎样才能算是文化事业呢？在我们这样一个文化源远流长的国度里，几千年来，先贤们早已经有了身体力行的示范。如今我们拨开历史风尘的睫毛，回首过去，深刻反思，蓦然才发觉，北宋时的张载就给出了明确的答案："为天地立心，为生民立命，为往圣继绝学，为万世开太平。"这振聋发聩的"四为句"，传承一千多年，成为了中国式文人深入骨髓的信念。怎么去做文化事业？读到这里，想必每一个有理智的人都有了答案。

原创力的集体缺失，直接导火索固然是社会群心理的功利性，还有一个隐藏极深的民族心理要素没有引起大家的警惕。早在 20 世纪初，胡适先生就对明朝中期以来东西方学术成就进行了列表比较，结果令人扼腕痛呼，有识之士莫不心痛莫名：16 世纪以来，伴随着西方宗教神学统治的衰弱，理性智慧之光的壮大，天文学、数学、物理学、化学等等自然科学杰出人物层出不穷，重大发明创造相继问世；而以中国为首的东方国家仍然是钳制思想的封建愚民统治，文人将毕生的精力用于皓首穷经地去钻研那几部晦涩拗口的经书，就算不以仕途为目标，也以怡情养性的诗歌、琴棋书画为主业。所谓的学术成就，只不过钻进故纸堆，围绕那些晦涩难懂的经书做一些考据、训诂之类的工作。300 多年的时间，中国拿得出手的居然是几部训诂学的著作。这些书，不否认在专业的领域有它的贡献，但是对于整个社会的进步来说，除了又赚一些人皓首穷经钻进故纸堆以外，还能有什么影响？

中国历史上，一贯的重文轻理的价值取向，导致即使在号称东西方文化冲突最为激烈的民国，也不能改变这种自然科学落后的现状。如梁启超、胡适、陈寅恪这些大学者，都是人文科学的大师级人物。当然，不要误解我们是在批判人文科学不如自然科学对社会的贡献大，事实上，在改造和启蒙人民思想上，这些大师们所发挥的作用，绝对大于实验室里的科学家们。我们的初衷是要找出原创力集体缺失的民族心理要素。溯本追源，一个是重文轻理的传统价值取向，一个是政治层面的思想钳制，导致了民族心理感性大于理性、利害取舍大于勇敢进取探索求证。胡适先生那一辈先贤们显然已经意识到了这一点，恰如先生所信奉的杜威主义，提出一切学术科学应该"大胆假设，小心求证"，这其中"大胆假设"的前提条件，目的还是鼓励国人发挥想象力，放开种种顾忌，做一个纯粹的致力于科学、学术的人。杜威主义早在上世纪 50 年代末，在它的诞生地美国就失去了光彩。而在中国，胡适先生虽然毕生提倡，也奉行这一实证主义精神，由于时代和政治的原因，从 50 年代大规模的批胡运动开始，半个多世纪以来，胡适被我们拒之门外。如今我们反思了，觉醒了，蓦然发觉回过头来我们还得再信奉他。著名历史学家唐德刚先生说："不肯定胡适的大方向，中国便没有前途！但是，不打破胡适的框框，中国学术便没有进步！"

民族心理上的双重阻力，随着新中国成立后，有一定程度的缓解。根据人类社会发展的规律，文化繁荣是随着上层建筑的完善而兴起的，当然思想界的繁荣恰恰相反。半个多世纪来的经济发展也确实带动了文化界的兴旺。有远见的人经过理智分析不难发现，这种繁荣只是完成了商品层面上的繁荣，真正的挖掘文化产品内在精髓，造成百花齐放、百家争鸣的实质繁荣还远远谈不上。这个时候，民族心理因素的双重阻力就凸显了出来。恰恰又赶在社会群心理向功利性快步突进，一个是内在肌体的细胞病变，一个是外在创伤狰狞的伤口。外在创伤转移了公众注意力，内在的病变就被人忽视了。等到整个社会达成了共识，发现了我们是集体原创动力缺失时，这些隐藏的问题也就随之浮出了水面。

在人类文明史上，我们中华民族在很长一段时间都屹立于绝对的巅峰之上，其民族智慧和创造力毋庸置疑。300 年来，人类文明中心由东方转移到西方，形成了超越人类几千年文明积累总和的现代文明。而我们在行为举止上实现了与世界大趋势同步，在心理上却又背负着沉重的包袱，力的反向作用的结果，就造成了群体层面的原地踏步了。

知耻近乎勇，笔者之所以没有随大流干吼呼喝着要有创造力，尤其是文化作品的原创力，是因为笔者深知民族心理因素上的阻力和社会普遍功利性价值取向的影响。有谁见过被狠狠掐着脖子，还能十分享受地唱出美妙歌声的情形呢？然而，对于我们每一个有决心有毅力锻炼强悍心理生存能力的人，我们的字典里没有"绝望"二字，这个世界没有绝望，只有失去希望，在绝望中寻找希望，才是我们要做的事。当所有人都开始警醒时，岂不是意味着大的变革即将到来？

>>> 第三节
成功学热的背后——个人价值观成为社会普遍价值取
向的附庸

> 不停地在心底里告诉自己："我要成功"，实际上
> 是不断给自己加重心理枷锁。

社会在进步，经济快速发展，日渐膨胀的人口，不可再生资源的消耗，导致了人们生存压力越来越大，为了更好地活下去，努力创业，谋求出路，"成功学"应运而生。作为一门学科，"成功学热"持续了十年，在世界，尤其是在中国掀起了一场"成功学热"现象。所谓成功学，最直观的印象是成功学者们振振有词地声称找到了成功规律，然后辅之以已经功成名就的成功人士事例为论据，形成了压倒性的说服优势。只要接触成功学的人，很短的时间就能被其煽动得血脉贲张，把自己代入成功者的光环幻象里。

人们渴望成功的急迫心理是造成"成功学热"繁茂现象的肥沃土壤。然而现实真是如成功学所宣扬的"只要掌握了成功规律，成功是非常简单的事情"？笔者没有深入研究过别的国家别的民族在接受吸收和应用外来学说的表现，但是对我们国家，对于最善于变通，最善于谋略经营的

华夏民族，总有办法让这些舶来学说，巧妙地融合本民族特色，形成一种本土特有的变种。成功学说亦在此例，我们今日探讨的"成功学热"现象也是独属于中国所特有的"成功学"，先将自家一亩三分地梳理清楚了，才有资格论及他人。

戴尔·卡耐基（1888—1955年），被誉为是20世纪最伟大的心灵导师和成功学大师

我们前面多次结合本民族心理规律来分析社会现象，本章依然遵循这一路线。成功学的理论，论证说理不可谓不严丝合缝，然而一切学说，不管其外衣如何华丽，煽动性如何强，实践才是检验真理的唯一标准。褪去成功学神秘的光环，所谓成功学的研究者，大部分是一群纸面上、案头上做研究的学者；剩余的一小部分是那些借助"成功学热"而成功的人——这么说，大家会觉得绕口，干脆说这些人是成功学大师、励志大师，就容易理解多了。一种热门的文化现象也是一种商机，这些大师们就是这样一群推动成功学热继续升温，并从中获得了巨大收益的人。

成功是否容易，相信这个命题除了讲台上的激励大师、成功大师们以外，绝大多数人，在仍能保持理智清醒的前提下，会嗤笑一声："骗鬼呢！"这个世界，成功者是少数，大多数人要么碌碌无为，要么就是惨死在通向成功的独木桥上，成为那些少数成功者的陪衬。一将功成万骨枯，和平年代里，创业者们所期望的成功之路，其残酷已不亚于此。所谓成功者的定义以及衡量标准，是以其所占有的社会资源和其影响力为评判依据的。按照成功学说研究者们的提法，掌握成功规律，就很容易成功，也就是说只要有心，谁都能占有相当的社会资源，发挥充分的影响力。可能吗？稍有理智的人用点心思去思考就会发现"成功是很容易的事"这个提法，用来短时间鼓鼓气，换换心情可以，真要信了，那才叫容易被忽悠的二愣子。

世界如此险恶，生存的压力又是如此巨大，我们需要给心灵减压，增强自己的心理生存能力。就算我们的理智清醒地认识到成功学只是一张画饼，那我们也要想象自己饕餮大嚼，获得了巨大能量，如此，才能继续披荆斩棘地走下去。然而，坏就坏在，成功学放大了成功者的光环，成功容易的论调又与当下的社会普遍价值取向中的功利性一拍即合，在大潮流的裹挟下，个人不得不向主流价值取向妥协，从而形成了成功学研究、宣扬成功学、成功者化身成功学大师的热门现象。一段时间内，确实起到了繁荣文化市场的积极影响，然而理论毕竟是理论，就算这是一个引人遐思的，能给人带来愉悦心理享受的理论，十年的时间，也足够人们冷静下来，思考其真正的价值所在。

成功学热"退烧"了，这真的是值得弹冠相庆的一件事，我们终于可以摆脱那些无休无止的，空中楼阁似的理论轰炸，摆脱被"成功学"洗脑的悲惨境地了。在应用心理学领域里，有一位牛人曾经这样评价那些站在演讲台上的成功者拿自己曾经的苦难说事的心态：他们在装样。仔细分析这些人的心理，他们今时今地再拿曾经的窘态和困境来调侃，除了现场迎合听众找平衡心理外，更有一种洋洋自得在里面：看吧，三十年河东，三十年河西，是金子总要发光的，如今你们就只能仰视我。就算我们能看透他们"装"的本质，但他们迎合大众找平衡这一点就可以说是搔到了痒处，大家就好这一口。这就形成了需求，有需求就有市场，这些成功学"讲师"们，自然不会放弃这掘金的机会，走穴演讲、高级培训班授课、出书、访谈，忙得不亦乐乎，捞金捞得盆满钵满。他们借用"成功学"的确成功了，那些信奉成功学，追捧成功学的大众们，依然只能仰视之。望梅虽能暂时止渴，但望久了，也就产生心理疲劳了。

我们在此深刻揭露"成功学热"后的马太效应[14]：成功者更加成功，不成功者依旧不成功，甚至混得更加凄惨。并不是要宣扬什么悲观主义，也不是要另造一种华丽理论来与成功学分庭抗礼。我们所做的一切工作，都只为了一个宗旨：让人们看清这个世界，认清社会现象后的本质。唯心论者早就提出"心外无物"，世界存在于人的意识之中，在神的眼里——如果有神的话，这句话自然荒谬；可是对于生命只有一次的人来说，短暂的一生，双眼永远闭合的那一瞬间，这个多姿多彩的世界确实崩塌消失，无迹无踪。从这个角度上来看，"心外无物"的观点是有其鲜活生命力的。我们要让人们认清现象的本质，用心理分析法来剖析群体行为动机，亦是为这一理论服务。

被成功学洗脑了的人，记忆最深刻的就是将自己想象成成功者，用成功者的思维去思考，不停地在心里告诉自己：我一定会成功。这样的做法，除了给自己不断地进行心理施压，造成沉重负担外，没有什么实际作用。也许有人会反驳，认为这是激励自己的有效手段。真是这样的么？那我还不如说，天上一定会给我掉金子，因为我深信这一点。不断地重复成功学的心理暗示，却没有行动上的有效支持，心理期望与实际行动的脱节会将人折磨得疲惫不堪。那些鼓吹像成功者一样思考，把自己当做成功者的人，他们没有后续调研总结持有这种心态的人是否真的获得成功——就算没有成功，他们也会觉得是他们暗示得不够，坚持得不够，不会怀疑是他们的

---

[14] 源自于《新约·马太福音》里的一句话：拥有的，还要给予他让他拥有更多；没有的，连他所有的还要一并夺回来。

这一理论的错误。总之，左也好，右也好，既然是一种华丽的理论，无论怎么修饰美化都不过分。总是有说法解释得通的，不妨碍人们继续信奉"成功者代入"的方法论。

唯物辩证法认为，意识是人脑对于客观物质世界的反映。是人类认识自我和认识世界的核心。我们通过身体感官接收声音，气味，颜色，触觉等信息，形成对客观世界的印象，从而为我们的行为提供指导。我们认识世界和认识自我的途径除了感官接收的信息以外，还要学习人类文明，接受经验传承，个体由此才能形成清醒认知。"成功学"纯粹是一门理论学科，他们从大量的成功者案例里抽取共性，又放大成功者的光环，利用人们普遍渴望成功的急迫心理，将明明是必要条件的成功要素说成是充要条件的成功规律，又鼓动人们通过成功幻想来自我催眠，将人们的正常认知结构打乱，形成了一种虚假意识。明明没有成功，明明自己囊中羞涩，却偏偏要将自己设想为成功者，像有钱人一样思考，也只能是思考，不然真需要行动起来，有那么多资源可以调用的吗？巧妇还难为无米之炊呢！与其说这是一门科学，不如说这是成功营销了一个概念，利用了大众心理。

成功学热的表象下，真实本质是如此的不堪一击，偏偏在我国，却有十多年的繁荣期，是真的没有聪明理智的人了么？自然不是，聪明人从来不缺乏，只是看到了，未必能说出来；说出来，也未必有人愿意相信；相信了，又不见得愿意为此做出改变。"成功学热"是大众心理的一剂吗啡，药效过后，狂热退却，也该是冷静下来思考的时候了。

>>> 第四节
要么流芳百世，要么遗臭万年—— 寻求存在认同感
"饥渴症"

> 之所以有那么一些偏激发狂的人，是因为他们不能容忍被忽视。

我们一直都清楚，牢牢占据中国哲学思想史上主导地位的是儒家思想。又因儒家中庸的特色，近代思想启蒙，反对儒教的人，讽刺其为"儒懦""儒缓""犬儒"。在这一节中，我们提出一部分人所持有的偏激心理"要么流芳百世，要么遗臭万年"来探讨其深层次的心理动机，难以避免的要和占主导地位的儒家中庸思想起冲突。然而历史发展的进程又确确实实地证头了这种偏激心理驱使下所造就的时代伟人、罪人、各色枭雄们，他们所产生的影响，远远大于统治阶级大力推行儒教的教化下所产生的影响。说得更直白点，太平盛世里，中不偏庸不易，和平安定的环境下，个体突出的机会就小得多了。所谓"乱世出英豪"，一段时期的平衡被打破，推动历史车轮滚滚前进的动力就要让位于这些敢于冒险的革新者了。

前面我们已探讨分析过胡适先生总结的"三不朽"论与新时代的"不朽"论，流芳百世与遗臭万年都可以说是"不朽"，显然这个"不朽"已经剔

除了褒义赞扬色彩，成为了一个仅仅用来形容历史影响的中性词。现在我们来讨论偏激心理下的"流芳百世"与"遗臭万年"，同样也要剔除感情色彩，转而深入探讨这部分人的心理动因。

我国漫长的封建社会历史中，建立在小农经济基础上的上层建筑，其指导思想固然是以三纲五常为主旨的儒家思想，在和平年代里发挥着稳定统治秩序，控制民众思想的作用。然而也正是由于小农经济基础的狭隘意识，致使近代新民主主义革命以前的革新力量，都摆脱不了赌徒和冒险投机者的心理作怪。此起彼伏的农民革命皆是因为统治者的盘剥压榨令民不堪命，忍无可忍了才铤而走险，去搏一番富贵；历代统治者上层阶级之间的争权夺利，更是因为利益驱使。前者是冒险者的代表，后者就是赌徒了。

长达两千年的封建社会，频繁的战争，将数代辛苦积累的物质文明破袭殆尽，随后又建立一个新的统治政权，开始社会重建，然后又开始战争毁灭。重复建设，重复破坏，改朝换代，改的只是帝王将相的姓氏，不变的仍然是维护封建地主阶级利益的王权统治。我们虽有着足以炫耀世人的五千年文明，汗牛充栋的典籍巨制，皓首穷经一生亦不足以窥其全貌。然而，扪心而问，这些岂不是历经战火兵燹之后幸存下来的沧海一粟？其中还很有一部分是被新王朝出于维护统治需要再次剪刈删改后的产物，有什么值得沾沾自喜的？我们错过了工业革命时代的快车，又浸泡在苦难的历史长河中长达一个世纪，沦为帝国主义极速扩张时期的牺牲品。腐朽的封建君权统治固然是造成这一历史悲剧的直接原因，但绵延两千年的小农经济意识占主体的社会普遍价值观何尝不是最深层次的根由？

虽然时代依然在进步，但是相比人类文明的总体节奏，我们却是进三步退两步，甚至某一时期干脆停滞不前，更甚者开起了历史的倒车。

近代清廷三百年历史，就是一个大倒退。原始游牧文明入主中原先进的农业文明，其残暴弑杀的本性，钳制思想闭关锁国的政策，深深地让中华文明来了个大逆转。梁启超先生由此断言中国国民的奴性，自清以来，达到巅峰。

奴才再怎么温顺，做主子的杀性太重，杀太多，杀戮太久，也是要激起奴才的反抗的，兔子急了还要咬人呢。可惜物极必反，这些处于被压榨地位的农民一旦豁出性命来造反，成功以后，从被统治地位一跃而升为统治者，他们又会变成比他们曾经的主子还要残忍的物种。东汉时期的黄巾起义，声势浩大，影响深远，然而他们对社会经济和人民生命安全的威胁似乎也更大几分：大军到处，他们犹如蝗虫过境，烧光杀光抢光，连坟墓里的死人都不放过，抢掠财宝、凌辱尸体[15]。以至于东汉末年各路英豪，纷纷以响应政府征剿黄巾军的军事行动起家。刘备、关羽、张飞如此，曹操亦如此。这些农民可怜可恨又可叹，他们的血性被激发了起来，然而又因为他们本身眼界的狭隘和小农经济意识的自私自利，导致了他们走向时代的反动面，成为有着开阔眼光和历史发展意识的地主阶级借力上位的踏脚石。

清朝统治下，民族奴性被刻入了骨子里，其压榨压迫和思想钳制也达到了一个顶峰。但受力越大，反弹力也就越大。19世纪中叶爆发的农民起义影响了大半个中国，持续十多年的太平天国运动，可以算是农民革命的一个新亮点。毛泽东主席对于这场农民革命的发起者洪秀全评价极高。从绵延两千年的农民战争烽火中，突然出现了这么一个有着鲜明奋斗目标和以农民阶级利益为核心[16]的朴素民主纲领的异类，着实令人

---

[15] 参见史载吕后等汉室皇陵被掘，因尸体保存完好，被乱兵拖出施虐的事情。

[16] 早期确实如此，后来领导阶层腐化脱离群众异变为贪奢淫逸的统治阶层。

洪秀全领导的太平天国金田起义

耳目一新。转战十余年，轰轰烈烈的太平天国运动动摇了清朝统治基础，其民众凝聚力和号召力，以及"均田产""妇女平等"的思想，是那么的醒目耀眼。也因为这个原因，近代历史学家称其为带有旧式民主革命色彩的农民起义。虽然最终，由于农民阶级的局限性导致失败，却推动了近代反封建反帝国主义斗争的进程。

　　分析了小农经济基础上的社会群体行为，我们回过头来再结合新"不朽"论，就会发觉，这些贴着冒险者和赌徒标签的行动者，他们深层次的动因其实只在于迫切地需要存在感的认同。以农民起义领导阶层为代表的冒险者，初期只是因为在沉重的生存压力下产生了不自觉的行为，但是随着他们的节节胜利，逐渐打开局面后，这种迫切需要建功立业，跻身上层阶级的心理就凸显了出来。历史是由胜利者书写的，成功了，他们自己来书写，流芳百世；失败了，无非被称为匪寇，遗臭万年，但是这两种情况都能令他们"不朽"，相比万千懵懂愚昧大众，他们显然成为历史的焦点，谁也不能忽视他们的存在。这才是他们最根本的心理动因。

以统治阶级之间争权夺利者为代表的赌徒，他们倚仗着手中所掌握的资源和权力，贪欲膨胀，做了官后削尖脑袋想着往上爬；爬到高位后又想坐上龙椅过过皇帝瘾。中国的史书，说到底也是帝王将相的家族史书，盛名也好，骂名也罢，他们也算都"名垂青史"达到"不朽"了。在这些人看来，只有达到这个地步，他们的存在价值才算是获得了最大的认同，不枉人世一遭。

新时代里，这些冒险者、赌徒们想要通过这种极端手段来获得存在感认同显然是不可能的。然而这一群体心理特征却并没有消亡。个人寻求存在认同感是人们来到世间自我意识苏醒后的条件反射行为。我们都能或多或少地记得年幼时，我们惹得父母亲人高兴或愤怒，其实最根本的是希望父母亲人能将注意力转移到自己身上。受这种心理刺激，人们在行为上就显得表现欲极强。当我们学会理性分析以后，就会发现对于这些人来说，最大的打击不是谩骂殴打，而是忽视他（她），如同他（她）不存在。这样的刺激实在是太大了，受到这种对待的人，要么心理崩溃完全放逐自己，要么高度反弹成为行动派——他们所做的一切，只是为了告诉那些忽视他的人：忽视他的存在是最大的错误。伟人如是，枭雄亦等同如是。心理学中的人格划分理论，将这类人称之为自卑型人格，是比较形象的。

在这种寻求存在认同感的心理驱使下，两个极端"要么流芳百世，要么遗臭万年"，自然在现代和平社会里影响比较有限，但不否认少数人的疯狂——说的自然是选择"遗臭万年"的那部分，他们的行为印证了心理上寻求存在认同感的迫切，称其为寻求存在认同感的"饥渴症"也不为过。这类人虽然喊出了两个选择条件，但破坏总是比建设来得容易，所以流芳百世的少，遗臭万年的多。现实生活中这类人也很好区分，那些喜欢以自我为中心，表现欲极强的人，都有寻求存在认同感"饥渴症"的潜伏期。一旦遭遇这些人，就要小心谨慎地应对了，因为说不定什么时候，他就来一记猛料，最先受伤的是离他最近的人。伤不起啊，好在心理分析的工具帮助我们看清他们的真面目，有了防备，不至于无法应对。

>>> 第五节
砍向孩子头顶的刀——退化为动物的野兽来袭

> 弱肉强食的食物链从来不因我们提倡文明而断裂过。

这一节之所以单独成篇，有一半因为笔者还是有私心的吧——毕竟笔者也是一位母亲。相信许多人都会认同，最强大的心灵，最坚决的保护意志，不是来源于高大威猛的斗士，而是来源于做了母亲的女人。伟大的母爱所展现出来的力量，可以为她的孩子劈山填海。可偏偏有那么一群人渣，他们丧失了在社会大环境里正常生存的能力，心理优势一次又一次被削弱，直至完全退化到定义为人的标准线以下，成为了两脚的野兽，暴起伤人。这几年来，屡屡见诸报端的报复社会，去到幼儿园或小学门口持刀砍人的事件，令人痛心不已。同时也让我们不得不深思：这些兽行只是简单地归结为报复社会么？暴徒们是怎样一步一步地积累起暴力行凶的心理动机的？我们要怎样才能从血的教训中吸取经验，做到未雨绸缪，保护好我们的孩子和家人？

社会如此险恶，人心如此复杂，具有轰动影响的大事件数不胜数，然而笔者始终坚持将这一节留待最后，是因为我觉得判定社会发展的依据"老有所养，幼有所依，壮有所用"，这三者是最根本的依据。心理学中，有一门课专门研究战争环境下人的心理规律，如美国西点军校就有专门讲授如何应用战场心理学来瓦解敌方心理防线的课程，提出了一个观点：活下来的人其狰狞的伤口比冰冷的尸体更令人触目心惊，能给人以极强的心理威慑。如今我们的孩子，在原本是最安全、温馨舒适的幼儿园里，会遭受到这种凶残屠杀，这是社会的血淋淋的创伤，震撼了我们所有的人，痛彻心扉。

行凶者们在铁窗之后，咕哝着他们各种各样的理由：认为是这个社会的不公才让他们落到走投无路的绝境，既然如此，那就报复社会，让社会痛！是的，他们做到了，我们看见了血淋淋的伤口，痛入骨髓！承认了这一点，是不是就增加了行凶者的心理优势？虽然笔者极不情愿，但不得不残忍地揭示这一事实：确实如此，暴徒们屠杀年幼的孩子，他们本身就放弃了心理生存的意志，凭着赌徒似的疯狂：杀一个够本，杀两个赚一个，蜕化为野兽。死刑的审判无法击溃他们的心理意志，更无法对仍然存在这种兽性报复社会潜意识的人形成震慑：因为他们是毒蛇，在死前也要狠狠地咬上一口。社会的痛大家肉眼可见，可是对于这种潜在犯罪心理以及即将出现的暴行，我们却没能寻找出遏制方法，这怎能不说是我们当务之急要解决的问题呢？

一直以来，我们强调的是心理学的实际应用，用心理分析的工具来解剖这个光怪陆离的世界。应用最多的是群体心理学的理论，人类的生存，最根本的是获得心理上的生存。在这一大前提下，如果一个人已经放弃了在心理上的求存，那么就离肉体灭亡不远了。但我们还是要细分：放弃心理生存的人，一般表现的是对自己和周围的人同样的漠不关心，他们最常见的是自闭，想方设法要切断自己与这个社会的联系——甚至不惜用自杀的极端手段。而那些暴力行凶，将屠刀砍到孩子们头上的暴徒则不同，从他们的表现和叙述中，似乎他们完全是心存死志、放弃心理生存的典型，然而深入分析，我们不难发觉，他们叫嚣着报复社会，但又选择最弱势群体的孩子来作为施暴对象，反衬出了他们心理上的猥琐脆弱，与他们色厉内荏的行为形成强大的反差。他们的屠刀、他们的行凶，实际是在内心里一直在说狠话：你们看到没有？我是强大的，就算消灭了我的肉体，我的心理也是打不垮的，让你们知道忽视我的代价！从这一点看，他们是一种伪装的放弃心理生存状态。只因为用赌徒的最后疯狂短暂催眠自己，才形成了强大的心理堡垒。攻不破也杀不死，消灭了他们的肉体，却无法对社会上仍存有这种犯罪心理的人群形成威慑。

伪装的心理生存状态不难破解，难的是前期的准确识别，说得更专业一点，这需要家庭、学校、刑警机构具备安全防范意识，对已经落网的犯罪分子实行心理攻坚，破除他们自我催眠的心理强大壁垒，将他们畸形的心理优势——瓦解，直至其崩溃，然后将这些影像现场传播开来，对潜藏社会犯罪心理的人群形成心理创伤的震慑。

瓦解暴徒们的心理优势，我们很有必要借鉴一个屠夫心理理论：屠夫之所以残暴凶悍，那是因为他在心理上将被屠杀的对象完全置于自己的对立面，将对方归类为牲畜之流。人么，总是要吃肉的，屠杀猪狗有什么过错呢？反之，如果有一天，屠夫的地位变了，他成为了被屠杀的对象，这时他将惊恐地发现，原来自己成了猪狗，那些伤害和疼痛是实打实的，他曾经的心理优势完全瓦解，于是他大哭大叫、心胆俱裂，再也没有身为屠夫时的凶悍气势了。

对孩子们行凶的暴徒们也是这样的屠夫，他们憎恨这个社会，认为自己受到不公的待遇，这让他们在正常的社会秩序里的心理生存优势被瓦解

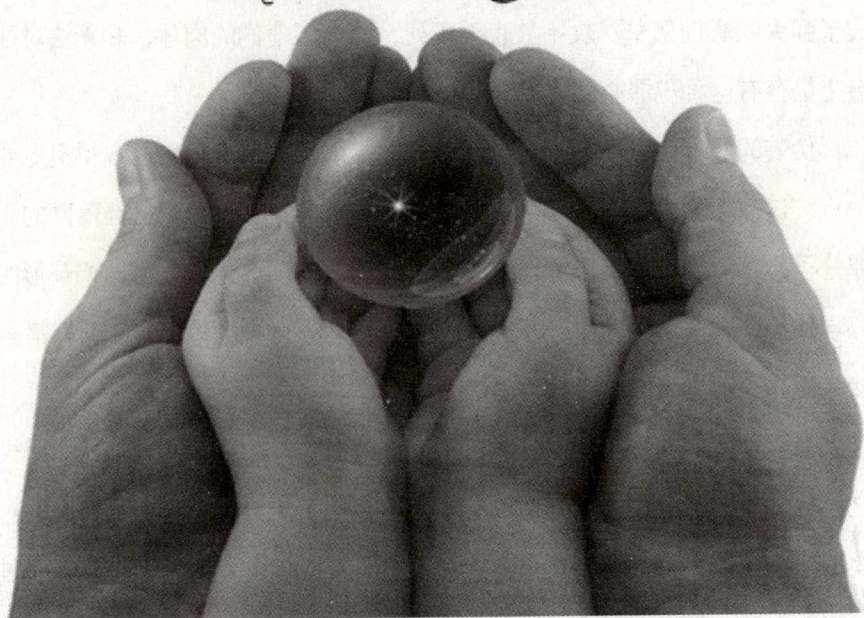

保护我们的孩子

得一干二净，而他们内心里其实是极度渴望继续生存下去的，怎么办呢？那就要重新建立心理优势，而且是以造成轰动效应的反常举动来快速建立——选定幼小的孩子作为伤害对象就能达到这个目的。当他们有了这个念头的时候，他们已经放弃了作为人的底线。

既然如此，对于野兽，我们应该怎么做呢？打痛它，让它疼得嗷嗷叫，自然它就不敢再张口伤人了。文明社会里，出于人道，对于已经伏法的犯罪分子，是禁止用刑的。笔者这里提倡以暴制暴，确实是出于无奈，惩戒肉体是手段，归根结底，我们需要用这种狰狞的伤口来瓦解犯罪分子的心理优势，从心理和肉体上彻底地消灭他们，来震慑社会上仍存有这种犯罪心理的人群、彻底杜绝这类惨剧的发生。

也许有许多人要愤怒了，他们会指责笔者提出这样的理论是不人道的。一种观点的提出，会遇到至少一半人的反对。笔者从来没有奢望这个观点会得到全体读者的认同。而且法治社会里，这种以暴制暴，并将暴力惩戒过程展现在公众面前的做法也是禁止的。但是出于社会心理的影响，笔者仍然要坚持这种"伤口震慑论"，一个两个的犯罪分子被审判被枪毙，我们只听到他们最终被判死刑的消息，而前期图片、文字给我们展示的却是孩子们被伤害的惨烈画面。

狰狞的伤口比冰冷的尸体更具有心理震撼力，我们没有看到恶人受到严厉惩处的现场，只从字面上知道一个死亡判决，这与前期我们得知惨案发生时的影响相比，两者所起到的社会群心理影响不可同日而语。从法制角度来看，歹徒伏法了，告知大众最终审判结果这种做法无可指摘；但从社会层面群体心理影响来看，这种做法是留有极大隐患的：伪心理生存放弃者仍然有着报复社会的潜在犯罪意识，普通大众们依然惶恐不安，极大缺乏安全感，人与人之间关系越来越冷漠。这些都是无形的创伤，且由于没有合适的医治手段而隐形溃烂蔓延。这让我们怎能不焦虑、不忧心？

　　从社会发展来看，绝对的公平是不存在的，有竞争必然就有淘汰。我们做不到绝对的公平，也就达不到消除造成社会犯罪的普遍心理动机——社会不公。如果我们被犯罪分子陈述的这个犯罪动机所误导，那我们绝对会走入死胡同，对这种社会丑恶现象那时才真的是无能为力了。好在我们有了心理分析工具，明白了犯罪分子的赌徒和屠夫的心态，完全可以采取"伤口震慑"的应对措施。这才是治标治本的办法。

　　法治社会里，以暴制暴的手段自然不能明着提倡，但是不妨碍我们公民行使正当自卫权。对于敢于伤害孩子们的暴徒，我们从家庭到学校再到社会相关机构都要行动起来，断然采取预防警戒和坚决反击的措施。如从家庭教育起，灌输孩子们要有安全意识：远离陌生人，不与陌生人讲话；家长们护送孩子上学放学时，随身带有便捷防身工具，遇到暴徒，可以果断出击；学校里要增加站岗执勤和校内保安巡逻；警察亦要在学校、幼儿园附近设立岗亭值班点，将一些形迹可疑逗留徘徊学校周围的人进行排查。对于那些排查出来的嫌疑人，要应用犯罪心理学心理测试的手段，甄别出具有犯罪动机的人群，严厉警告，并将公告公示于相关区域，将这些人列为应警惕防范分子。当然最后一点，可能会有些矫枉过正，造成紧张氛围，但与我们亲人、家人的生命安全相比，我们又怎能瞻前顾后呢？实在有顾忌，担心冤枉好人的话，公告时，可以采取隐去对方姓名，只提及具有这类特征的危险人群，也是同样可以引起大众警觉，又能不过分刺激那些人的。

>>> 后记
读图时代的心理测试图

Part1　测试你的视觉观察力：

是头还是尾，你分得清吗？

图中有多少尾鱼，多少只鸟？

这幅图的近景远景是真实的么?

Part2 测试你的心理承受能力：

　　图中的直线是平行的，涉世越深的人看到的直线变形就越重。

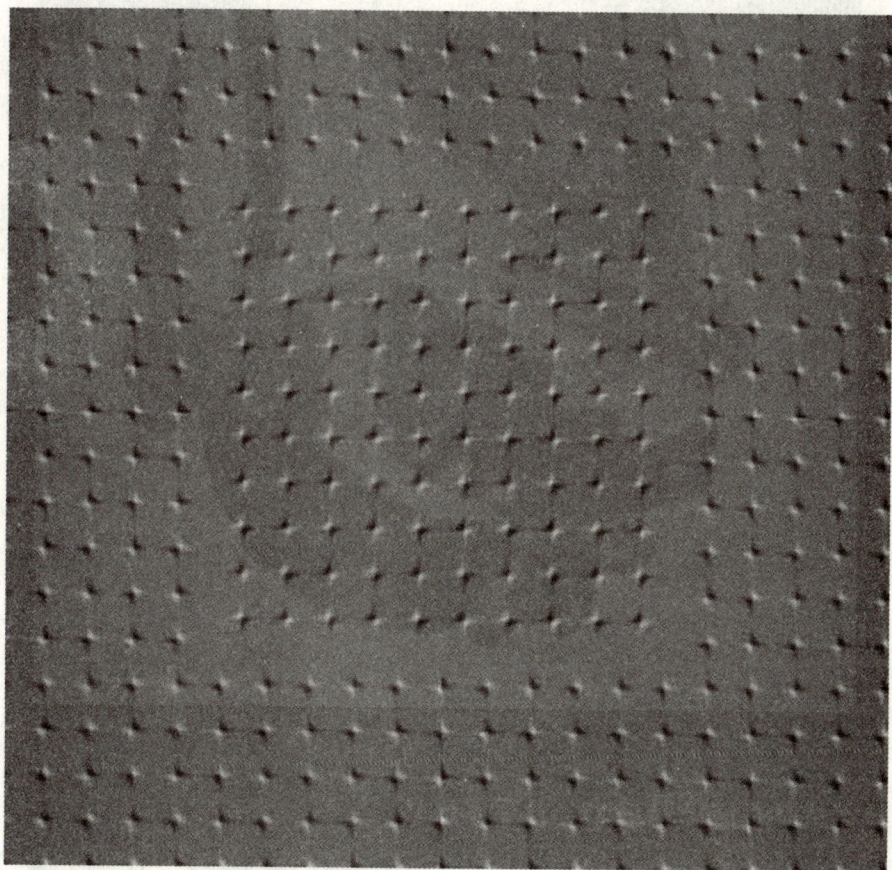

压力越大，情绪波动越大的人看到的画面是活动的。

心情好的时候，你看到的是少女的脸，心情不好的时候则看到巫婆的脸。

Part3 测试你的情商：

从哪个出口出来与你的职业有关：出终点 A 的人适合职业：警察、教练、作家。出终点 B 的人适合职业：漫画家、会计、导演、设计师。出终点 C 的人适合职业：领导、律师、指挥。出终点 D 的人适合职业：医生、教师、歌手、记者、工人。出终点 E 的人适合职业：演员、司机、商人、基层管理人员。

换个角度，青蛙也能是白马王子，你看到了吗?

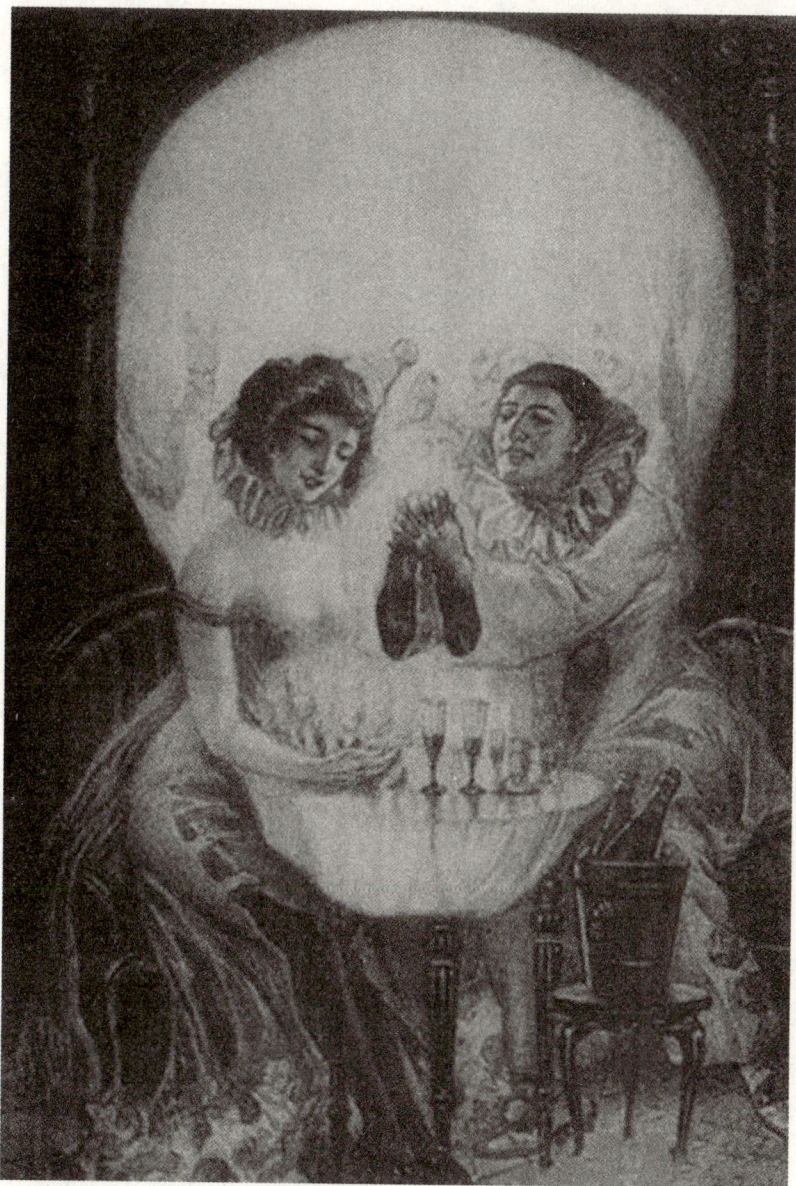

图中你第一眼看到的是什么，证明你对生活的态度就是怎样的。